これだけは知っておきたい

橋梁メンテナンスのための
構造工学入門

編著 (公社)土木学会 構造工学委員会

書籍のコピー，スキャン，デジタル化等による複製は，
著作権法上での例外を除き禁じられています．

はじめに

　社会インフラは，経済の発展や生活の質向上に大きな貢献を果たしています．我が国においては，特に，高度経済成長期に現在の基幹インフラとなっている構造物も含め多数の社会インフラが整備され，現在までにそのストックは膨大な量に達しています．一方，社会インフラの高齢化が急速に進んでおり，道路橋梁では20年後にはほとんどの地域で半数以上が建設後50年以上となります．高齢化する社会インフラを老朽化させず，長期にわたり活用するためにも，適切なメンテナンスの取組みが必要となります．また，社会インフラの役割としては，風水害や地震により社会経済活動や私たちの暮らしが大きなダメージを受けないようにすることがあります．社会インフラの老朽化は，近年増加している自然災害を引き起こす「力」に対し，被害を防ぐための「体力」が低下することを意味しますので，サステイナブルな社会構築のためにもメンテナンスの重要性はますます高まることは間違いありません．

　構造物に生じる劣化事象には，鋼・コンクリート等の材料ごとに様々なものがあり，メンテナンスのためには材料ごとの広範な知識が必要となります．劣化事象は構造物が置かれている環境条件の影響を大きく受けるため，構造物がいつ建設され，どのような環境条件下でどんな作用を受けてきたかという履歴の認識も必要となります．さらには，建設年代に即した構造物の設計・施工に関する基本的知識や様々な劣化事象や対策に対する知識に基づき，メンテナンスサイクルの各行為を適切に実施できる技術者が必要となります．

　メンテナンスにおいて最も重要なことは，社会インフラの利用者の安全を確保し，インフラに起因する事故を絶対に起こさないようにすることです．メンテナンス技術者には，前述した多種多様な知識が求められますが，第一に身につけなければいけない知識は，構造物の安全に関する基礎知識，すなわち，構造物の成立条件や劣化が生じたら構造性能がどのように変化するかなどの，構造工学の知識と考えられます．しかしながら，対処療法的に実務を行う場合に直面する材料の劣化や補修材料，点検方法の知識に比べ，構造物の本質である安全に関係する構造工学の知識は，体系的に理解されていない方が多くいるような気がします．

　土木学会構造工学委員会では，構造物の設計体系，維持管理，作用など構造工学に関する様々な問題の検討を行っていますが，メンテナンス技術者の方には構造工学の知識が不可欠という思いから，本書を企画しました．インフラに起因する事故を起こさないためにも，多数の技術者の方々に本書が有用なものとなり，活用されることを期待しています．

　最後になりましたが，本書の発刊にあたり，尽力いただいた「メンテナンス技術者のための教本開発研究小委員会」の岩城一郎委員長，麻生稔彦副委員長，本間淳史幹事長，石井博典幹事，津野和宏幹事をはじめ，執筆や協力いただいた関係者の皆様に厚くお礼申し上げます．

土木学会構造工学委員会
委員長　中村　光

序

　本書を執筆したいと考えるようになったのは，5年ほど前のことです．全国に約70万橋あるとされる道路橋の近接目視点検が義務化され，国，都道府県，市区町村などのすべてで橋梁点検が始まりましたが，その行為は構造工学的視点とは少々乖離しており，特に，地域の市町村においては，そこに携わる点検技術者も構造工学に関する知識を持ち合わせていない場合が少なくなかったからです．

　橋のメンテナンスとは本来，極めて創造的な行為で，技術者の知識や経験を総動員し，その橋の健全性を評価し，適切な対策を考える，まさに橋の医療行為です．当然，医療行為は医師が行うものであり，メンテナンス技術者にもそのくらいの力量や責任が求められるのです．メンテナンスにあたっては，鋼やコンクリートに関する材料特性を熟知したうえで，これらの材料から構成される構造物の力学的特性を把握することが重要です．また，構造物の置かれている環境を把握することで，その構造物のライフサイクルにわたるあらゆる作用を想定し，作用に対する構造物の応答を評価したうえで，要求性能を満足するための対策を講じる必要があります．そのために必要な工学が構造工学なのです．

　今の点検業務は当面，人が行うことになりますが，単純な4-5段階の判定であれば近い将来AIに置き換わることになるでしょう．その時にも必要とされるのは構造工学を身に着けた創造性豊かな技術者なのです．本書はそのような技術者を育てるための入門書と位置づけています．

　本書の読者はまず構造工学に対してアレルギー反応を示さず，粘り強く本書をお読みいただきたいと思います．そうすれば構造工学の面白さが分かり，それをメンテナンスの業務に生かすことができれば，今の仕事がより楽しくなるはずです．

　本書の執筆者は構造工学委員会運営小委員会のメンバーや，実務に精通した技術者・研究者によって構成されています．構想を立ち上げてからわずか1年の間に発刊を目指すというタイトな出版計画にもかかわらず，皆どこか楽しそうに，精力的に進めてくれたお陰で，執筆者全員の思いの詰まった書籍になったと自負しています．献身的に本書の編集をサポートしてくれた，麻生稔彦副委員長，本間淳史幹事長，石井博典幹事，津野和宏幹事，そして快く出版に応じてくれた建設図書の森脇昌二氏，高橋一彦氏に深甚なる感謝の意を表します．

　本書が全国各地のメンテナンスに携わる技術者の手にわたり，メンテナンスにおける構造工学の意義を理解し，業務にあたってもらうことで，我が国の社会インフラの老朽化問題の解決に一石を投じることを期待しています．それこそがメンテナンスという行為そのものやメンテナンス技術者のステイタスを引き上げる原動力になるものと確信しています．

メンテナンス技術者のための教本開発研究小委員会
委員長　岩城　一郎

土木学会　構造工学委員会
メンテナンス技術者のための教本開発研究小委員会
委員構成

　　委員長　　岩城　一郎　（日本大学）
　　副委員長　麻生　稔彦　（山口大学）
　　幹事長　　本間　淳史　（東日本高速道路(株)）

幹　事

　　石井　博典　（(株)横河ブリッジホールディングス）
　　津野　和宏　（国士舘大学）

委　員

秋山　充良　（早稲田大学）	中村　聖三　（長崎大学）	
安東　祐樹　（ショーボンド建設(株)）	中村　光　（名古屋大学）	
内田　裕市　（岐阜大学）	藤掛　一典　（防衛大学校）	
大郷　貴之　（東日本旅客鉄道(株)）	藤山　知加子　（横浜国立大学）	
海田　辰将　（徳山工業高等専門学校）	松尾　豊史　（(一財)電力中央研究所）	
勝地　弘　（横浜国立大学）	松田　浩　（長崎大学）	
坂井　康伸　（清水建設(株)）	松村　政秀　（熊本大学）	
園田　佳巨　（九州大学）	松山　公年　（日本工営(株)）	
玉田　和也　（舞鶴工業高等専門学校）	森﨑　啓　（パシフィックコンサルタンツ(株)）	
鶴田　浩章　（関西大学）	森田　千尋　（宮崎大学）	
全　邦釘　（東京大学）		

執筆者

第1編
　第1章　玉田　和也　（舞鶴工業高等専門学校）
　第2章　石井　博典　（(株)横河ブリッジホールディングス）
　　　　　全　邦釘　（東京大学）
　第3章　岩城　一郎　（日本大学）
　　　　　鶴田　浩章　（関西大学）
　　　　　坂井　康伸　（清水建設(株)）
　第4章　海田　辰将　（徳山工業高等専門学校）
　　　　　麻生　稔彦　（山口大学）
　第5章　岩城　一郎　（日本大学）
　　　　　中村　聖三　（長崎大学）
　　　　　松田　浩　（長崎大学）
　　　　　内田　裕市　（岐阜大学）
　　　　　松村　政秀　（熊本大学）

第2編
　第1章　津野　和宏　（国士舘大学）
　第2章　安東　祐樹　（ショーボンド建設(株)）
　第3章　本間　淳史　（東日本高速道路(株)）
　第4章　松山　公年　（日本工営(株)）
　第5章　森﨑　啓　（パシフィックコンサルタンツ(株)）

目　次　CONTENTS

はじめに i
序 ii

第I編　メンテナンスに必要な構造工学

第1章　橋の形式 3
- 1-1　橋の名称と形状 4
- 1-2　橋の役割 7
- 1-3　生活と橋 8
- 1-4　力学に根ざす橋のかたち 9
  - 1-4-1　桁橋 9
  - 1-4-2　トラス橋 10
  - 1-4-3　多径間にまたがる橋 11
  - 1-4-4　ラーメン橋 12
  - 1-4-5　アーチ橋 13
  - 1-4-6　斜張橋 14
  - 1-4-7　吊橋 14
- コラム 16
- 私の思い出の橋 18

第2章　橋の部材と役割 19
- 2-1　橋の基礎知識 20
- 2-2　鋼橋の基礎知識 24
  - 2-2-1　鋼橋の構造形式 24
  - 2-2-2　I桁橋（鈑桁橋） 25
  - 2-2-3　その他の部材 27
  - 2-2-4　防食方法 28
- 2-3　コンクリート橋の基礎知識 30
  - 2-3-1　鉄筋コンクリート橋（RC橋） 30
  - 2-3-2　プレストレストコンクリート橋（PC橋） 32
- 2-4　床版の基礎知識 35
  - 2-4-1　鉄筋コンクリート床版（RC床版） 35
  - 2-4-2　プレストレストコンクリート床版（PC床版） 36
  - 2-4-3　鋼・コンクリート合成床版 36
  - 2-4-4　鋼床版 37

目 次 CONTENTS

　　　コラム 38
　　　私の思い出の橋 40

第3章　橋を長持ちさせるために必要なこと ―考え方と技術― 41

　3-1　なぜ橋を長持ちさせることが必要か？ 42
　3-2　橋を長持ちさせるためには 42
　3-3　アセットマネジメントの考え方 43
　3-4　ライフサイクルマネジメントとは 44
　3-5　ライフサイクルマネジメントを実践するうえでの基本 46
　　　3-5-1　維持管理制度の充実 46
　　　3-5-2　点検・診断技術の高度化 47
　　　3-5-3　劣化・変状の進行および寿命の予測の高度化 47
　　　3-5-4　補修・補強の実施時期の判断 47
　　　3-5-5　補修・補強方法に対するコストデータの充実 47
　　　3-5-6　長寿命化技術の開発 48
　3-6　ライフサイクルマネジメントを実践するうえでの留意点 48
　　　3-6-1　橋の多様性の理解 48
　　　3-6-2　システムとしての性能の考慮 49
　　　3-6-3　LCC最小化の本質の理解 50
　　　3-6-4　予防保全の本質の理解 51
　　　3-6-5　信頼性理論に対する理解 51
　　　コラム 54
　　　私の思い出の橋 56

第4章　はりとは 57

　4-1　はりを考えるために大切なこと 58
　　　4-1-1　はりの力学的な位置づけ 58
　　　4-1-2　はりの支え方と分類 58
　　　4-1-3　はりに働く力 62
　　　4-1-4　自由物体の考え方とつり合い条件　～はりを解くために～ 64
　4-2　はりの支点反力 66
　　　4-2-1　単 純 ばり 66
　　　4-2-2　片持ちばり 68
　　　4-2-3　張出しばり 69
　　　4-2-4　ゲルバーばり 70
　4-3　様々な荷重を受ける単純ばりの断面力図 72
　　　4-3-1　断面力図とは 72
　　　4-3-2　集 中 荷 重 72
　　　4-3-3　等分布荷重 75
　　　4-3-4　モーメント荷重を受ける単純ばりの断面力図 76

- 4-4 単純ばりの影響線 …………………………………………………… 78
  - 4-4-1 反力と断面力の影響線 ………………………………………… 78
  - 4-4-2 影響線の使い方 ………………………………………………… 80
- 4-5 連 続 ば り ……………………………………………………………… 82
- 4-6 はりに生じる応力とひずみ ………………………………………… 84
  - 4-6-1 はりに生じる応力 ………………………………………………… 84
  - 4-6-2 軸力 N によって生じる応力とひずみ ………………………… 84
  - 4-6-3 平均せん断応力とせん断ひずみ ……………………………… 85
  - 4-6-4 曲げモーメントによって生じる応力とひずみ ……………… 86
- コラム ……………………………………………………………………… 90
- 私の思い出の橋 …………………………………………………………… 92

第5章　鋼構造とコンクリート構造の成立ちと壊れ方 …………… 93

- 5-1 鋼構造とコンクリート構造の特徴 ………………………………… 94
  - 5-1-1 鋼　構　造 ………………………………………………………… 94
  - 5-1-2 コンクリート構造 ……………………………………………… 94
- 5-2 鋼構造とコンクリート構造の成立ち ……………………………… 96
  - 5-2-1 鋼　構　造 ………………………………………………………… 96
  - 5-2-2 コンクリート構造 ……………………………………………… 103
- 5-3 鋼構造とコンクリート構造の壊れ方 ……………………………… 105
  - 5-3-1 鋼　構　造 ………………………………………………………… 105
  - 5-3-2 コンクリート構造 ……………………………………………… 113
- コラム ……………………………………………………………………… 133

第II編　メンテナンスの実例に学ぶ構造工学

第1章　鋼　　桁 ………………………………………………………… 137

- 1-1 鋼桁の構造 ……………………………………………………………… 138
- 1-2 鋼桁の損傷 ……………………………………………………………… 139
  - 1-2-1 変形・座屈 ………………………………………………………… 139
  - 1-2-2 腐　　食 ………………………………………………………… 142
  - 1-2-3 疲労亀裂 ………………………………………………………… 145
- コラム ……………………………………………………………………… 150
- 私の思い出の橋 …………………………………………………………… 152

第2章　コンクリート桁 ………………………………………………… 153

- 2-1 コンクリート桁の構造 ……………………………………………… 154

目次 CONTENTS

2-2　コンクリート桁の損傷 ……………………………………………… 155
- 2-2-1　コンクリート桁に発生する変状とその発生機構 ……………… 155
- 2-2-2　鉄筋コンクリート桁のひび割れ ………………………………… 157
- 2-2-3　プレストレストコンクリート桁のひび割れ …………………… 159
- 2-2-4　鋼材の腐食 ………………………………………………………… 165

コラム ……………………………………………………………………………… 170
私の思い出の橋 …………………………………………………………………… 172

第3章　鉄筋コンクリート床版 ……………………………………………… 173

3-1　鉄筋コンクリート床版の構造 ……………………………………… 174
3-2　床版に作用する活荷重 ……………………………………………… 175
3-3　床版の設計 …………………………………………………………… 175
- 3-3-1　スラブ構造 ………………………………………………………… 175
- 3-3-2　スラブの断面力に対する基本的な考え方 ……………………… 176
- 3-3-3　RC床版の設計曲げモーメント ………………………………… 177

3-4　鉄筋コンクリート床版の損傷 ……………………………………… 178
- 3-4-1　RC床版の疲労損傷 ……………………………………………… 179
- 3-4-2　床版防水層の重要性 ……………………………………………… 181

第4章　ゲルバーヒンジ部 …………………………………………………… 183

4-1　ゲルバー形式 ………………………………………………………… 184
4-2　ゲルバーヒンジの構造特性 ………………………………………… 185
4-3　ゲルバーヒンジの応力特性 ………………………………………… 185
4-4　ゲルバーヒンジ部の損傷と原因 …………………………………… 186
- 4-4-1　RCヒンジ部のひび割れ ………………………………………… 186
- 4-4-2　RCヒンジ部の漏水，鉄筋露出，土砂化 ……………………… 187
- 4-4-3　鋼ヒンジ部の亀裂 ………………………………………………… 188
- 4-4-4　鋼ヒンジ部の腐食 ………………………………………………… 188

4-5　再劣化および再損傷の事例 ………………………………………… 189
- 4-5-1　再劣化の事例 ……………………………………………………… 189
- 4-5-2　補強材の再損傷 …………………………………………………… 189

第5章　桁端・支承部 ………………………………………………………… 191

5-1　桁端・支承部の構造 ………………………………………………… 192
- 5-1-1　桁端部の床版 ……………………………………………………… 193
- 5-1-2　端横桁および端対傾構 …………………………………………… 193
- 5-1-3　支　承　部 ………………………………………………………… 193
- 5-1-4　遊　　間 …………………………………………………………… 193
- 5-1-5　伸　縮　装　置 …………………………………………………… 193

5-2　桁端・支承部の損傷 ･･･ 194
　　　5-2-1　鋼部材の腐食損傷 ･･ 194
　　　5-2-2　コンクリート桁端部の損傷 ･･ 195
　　　5-2-3　遊間の異常 ･･ 199
　　　5-2-4　支承部の損傷 ･･ 201
　私の思い出の橋 ･･ 203

索引 ･･ 204

第I編 メンテナンスに必要な構造工学

第Ⅰ編　メンテナンスに必要な構造工学

第1章
橋の形式

1-1　橋の名称と形状
1-2　橋　の　役　割
1-3　生　活　と　橋
1-4　力学に根ざす橋のかたち
　1-4-1　桁　　　橋
　1-4-2　トラス橋
　1-4-3　多径間にまたがる橋
　1-4-4　ラーメン橋
　1-4-5　ア　ー　チ　橋
　1-4-6　斜　張　橋
　1-4-7　吊　　　橋
コラム
私の思い出の橋

1-1　橋の名称と形状

　橋とは，川や谷，海，湖，さらには道路や鉄道などを横切るために，それらの上空に建設された通路とそれを支持する構造物のことであると言うことができます．橋は図1-1-1に示すとおり，橋桁と呼ばれる上部構造とそれを支える橋台や橋脚，基礎などの下部構造に分けることができます．さらに，上部構造と下部構造の境目にあって，上部構造からの荷重を下部構造に伝達する支承の部分を支点部と呼びます．また，橋の長さにも種類があり，橋の全長を表す橋長，橋の構造の規模を表す支点間距離を示す支間長のほかに下部構造の距離を示す径間長と橋桁の長さを示す桁長があります．そのほか，図1-1-1に示されている部位と名称は覚えるようにしてください．

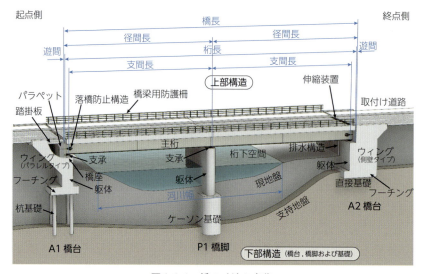

図1-1-1　橋の寸法と名称

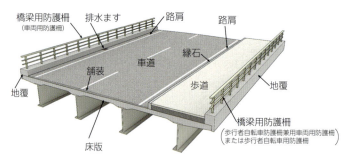

図1-1-2　橋面の名称

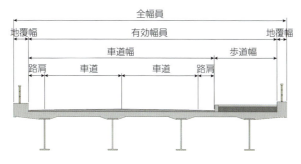

図 1-1-3　橋面の寸法

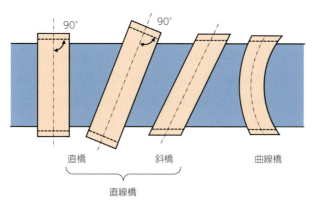

図 1-1-4　橋の平面形状

　橋の利用者から見える部分の名称を図1-1-2に示します．一般的に，道路面に見える舗装の下には床版と呼ばれる厚さが250 mmぐらいの鉄筋コンクリート製の版があります．床版の「版」の字を間違わないようにしましょう．また，地覆は「じふく」と読みます．橋の幅も2種類あり，図1-1-3に示すように全幅員（総幅員）と利用者が利用できる幅を示す有効幅員があります．幅員は「ふくいん」と読みます．図1-1-2と図1-1-3に示されている部位と名称も覚えるようにしましょう．

　上空から見た橋の形状にも名称があります．図1-1-4に示すように，橋には橋の中心線となる橋軸があります．その橋軸が直線の場合を直線橋と呼び，曲線の場合を曲線橋と呼びます．そして，橋の端にある支承を結ぶ支承線と橋軸が直角の場合を直橋と呼び，角度が付いている場合を斜橋と呼びます．上空から見て長方形の橋は，直線橋かつ直橋であり，平行四辺形の場合は直線橋でかつ斜橋であると言えます．維持管理の観点から見ると，斜橋や曲線橋の場合はねじれたりして挙動が複雑になるため，何らかの損傷が見受けられる事例が多くあります．

(1) 直線橋　　　　　　　　　　　　　　(2) 曲線橋

写真 1-1-1　直線橋と曲線橋の例

橋を横から見た形状について，橋の定義で言うところの通路にあたる路面の位置による分類があります．上部構造の主たる構造である主構の下に路面がある場合を下路橋，主構の中間に路面がある場合を中路橋，主構の上に路面がある場合を上路橋と呼びます．さらに路面が2段ある場合は二層橋と呼びます．

(3) 下路橋　　　　　　　　　　　　　　(4) 中路橋

(5) 上路橋　　　　　　　　　　　　　　(6) 二層橋

写真 1-1-2　橋を横から見た場合の名称

1-2 橋の役割

　橋の定義にあるように，橋には川や谷，海，湖，さらには道路や鉄道などを横切る役割があります．その中でも最も一般的な橋は，川を渡る橋でしょう．川幅や水面から路面までの高さなどの条件によって様々な形式の橋が架けられています．谷を渡る橋は，中央部に下部構造を建設しない，一跨ぎできるアーチ橋やラーメン橋，吊橋，斜張橋などが架けられています．海を渡る橋の多くは，海峡を跨ぐ長大橋になります．船舶の航行を考えて下部構造の位置や路面の高さが決まります．維持管理の観点からは，飛来塩分の影響を強く受けることに注意する必要があります．湖を渡る橋は，川を渡る橋と同様，様々な形式の橋が架けられています．

　鉄道を跨ぐ跨線橋や道路を跨ぐ跨道橋，都市を跨ぐ高架橋などは，建設時にも高度な技術が求められますが，維持管理においても損傷による影響が非常に大きいため，注意深く点検や修繕を行う必要性があります．庭園や公園には，古くからある形式の橋や意匠を凝らした橋が架けられていることがあります．これらの橋は，独特の景観を作り出す効果があり，橋の歴史や構造的な興味に思いを馳せることができます．

（7）川を渡る橋

（8）谷を渡る橋

（9）海を渡る橋

（10）湖を渡る橋

（11）道路を跨ぐ橋

（12）鉄道を跨ぐ橋

（13）高架橋

（14）庭園の橋

（15）神社の橋

写真 1-1-3　橋の役割

1-3 生活と橋

橋は人々の生活に欠かすことのできない社会インフラの一つです．その中でもいろいろな用途で橋は架けられています．人だけが利用する橋を人道橋と言います．横断歩道橋や山道に架

（16）人道橋　　（17）歩道橋

（18）道路橋　　（19）添架物

（20）高速道路橋　（21）鉄道橋

（22）併用橋　　（23）併用橋鉄道部分

（24）水管橋　　（25）水力発電用水路橋

写真 1-1-4　生活と橋

かっている橋などがあり，通るのが人なので規模が小さくて簡素な構造となっています．最も身近にあるのが道路橋です．道路橋は，自動車や自転車，歩行者を通す橋であり，同じ路面を混在して利用する場合や車道と歩道を分離している場合もあります．道路橋には，水道や電力，通信ケーブルなどが添架されていることもありライフラインを支えています．高速道路橋は自動車専用の橋であり比較的橋長が長く，大型車の走行が多いのが特徴です．明治時代に建設が始まった鉄道網とともに鉄道橋が建設され，現在でも比較的古い橋が使われています．鉄道の場合，走行する列車の重量や走行回数が明確であり維持管理の体制も整っています．瀬戸中央道の橋には下層に鉄道，上層に道路が通っており併用橋と呼びます．レインボーブリッジも都道，首都高速道，歩道，新交通システムを通す併用橋です．道路橋に添架するのではなく，単独で水道管だけを渡す水管橋やガス管専用の橋，水力発電用や農業用の水路橋など，様々なライフライン専用の橋があります．

1-4　力学に根ざす橋のかたち

今まで見てきたように橋にはいろいろな形があります．川や谷を横切る通路をどのような仕組みで支えるのか，力学の知識に基づいて主な構造形式（桁構造，アーチ構造，吊構造）や支点条件などを考慮して橋のかたちは形成されています．

1-4-1　桁　　橋

桁橋は，橋の中で最も簡単な形をしていて，橋桁を橋台や橋脚の上に架け渡した構造をしています．単純な形式で，すっきりとしていますが，支間長が長くなると自重が重くなり不経済な構造になります．

桁構造は，荷重により桁に発生する曲げモーメントとせん断力に抵抗する仕組みになっていて，曲げモーメントに対しては上下のフランジが，せん断力に対しては腹板（ふくばん，ウエブ）が主に抵抗します．桁の断面形状は，T形，I形，箱形など様々な形状が使われています．

（26）単純桁橋（上路橋）

（27）単純桁橋（下路橋）

写真1-1-5　桁　　橋

桁構造は，トラス構造と比べ腹板が鋼板やコンクリートで満たされているため，充腹桁とも呼ばれます．

1-4-2 トラス橋

トラス橋は，三角形の骨組みを連ねたトラス構造を橋台や橋脚の上に架け渡した構造をしています．トラス橋はほとんどが鋼構造で，ワーレントラスが一般的ですが，様々なトラス構造の組み方があります．トラス橋の場合，路面を構造の上・中・下の位置に設置することができます．また，トラス橋ではありませんが，吊橋や斜張橋の補剛桁やアーチリブ，橋脚，塔などの部位にトラス構造は採用されています．

トラス構造の部材は軸力にだけ抵抗すると考えて設計します．そのためトラス橋は軽くて丈夫なので，支間長の比較的大きな橋に用いられます．荷重に抵抗する仕組みは桁橋と同じで，曲げモーメントには上弦材と下弦材が圧縮力と引張力を受け持つことで抵抗し，せん断力には斜材が抵抗します．桁橋の上下フランジとトラス橋の上下弦材，桁橋の腹板とトラス橋の斜材が同じ役割を果たしているわけです．トラス橋は，桁橋の充腹桁に対し，非充腹桁であると言うことができます．古い教科書によると「トラス橋」のことが「構橋」と記述されています．そのため橋の分野の専門用語で「構」とあるものはトラス構造に由縁のあるものがあります（対傾構，横構，橋門構，主構）．

（28）単純トラス橋（下路橋）

（29）曲弦トラス橋（下路橋）

（30）単純トラス橋（上路橋）

（31）レンズトラス橋

写真 1-1-6 トラス橋

1-4-3 多径間にまたがる橋

多径間にまたがる橋には，単純橋を連ねる重連橋のほかに，連続橋とゲルバー橋があります．連続橋は，主桁や主構などの主構造が2径間以上にわたって力学的に連続し，3点以上で支持している橋のことを言います．ゲルバー橋は，連続橋の支間部に不静定次数に等しい数のヒンジを設けて静定構造とした橋のことです（**第1編第4章参照**）．単純橋の重連と比べて力学的に合理性があり，静定構造であることから設計計算が簡易で支点沈下の影響を受けないという特徴があります．現代においては，コンピュータを用いた連続橋の設計が一般化したことにより，ゲルバー橋の新設はなくなりました．

橋の主構造が桁構造（充腹桁）である連続橋を連続桁橋，トラス構造である連続橋を連続トラス橋と言います．ゲルバー桁橋，ゲルバートラス橋も同様です．ゲルバー橋のヒンジ機構を具現化している実際のヒンジ部は，形状および応力の急変部であり，伸縮装置からの漏水による影響も含め，維持管理の観点から注意を有する部位となっています．多径間にまたがる橋の場合，単純桁橋の重連なのか連続桁橋なのかゲルバー桁橋なのかを識別する必要があります．

図1-1-5（a）に示す写真の橋を見てみることにしましょう．連続桁橋のように見えますが，橋脚の上をアップにした（b）と（c）を見比べると橋脚の天端の支承の数が異なります．支承が1つの（b）は，連続桁橋の中間支点です．支承が2つある（c）には，連続桁橋の桁端部と

（32）連続桁橋

（33）ゲルバー桁橋

（34）連続トラス橋

（35）ゲルバートラス橋

（36）ヒンジ部

（37）ヒンジ部

（38）ヒンジ部

写真1-1-7 多径間にまたがる橋（1）

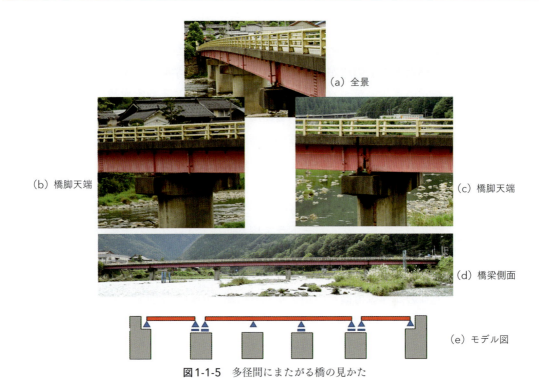

図1-1-5 多径間にまたがる橋の見かた

(39) 単純桁の重連橋

(40) 連続アーチ橋

写真1-1-8 多径間にまたがる橋（2）

隣の単純桁橋の桁端部の支承が写っています．この部分で桁も床版も高欄も分断されています．高欄は手すりの連続性を保っていますが，さや管構造になっており橋軸方向の力の伝達はありません．また，この部分の路面には伸縮装置が設置されているはずです．この橋を横から見た（d）に対し，モデル化すると（e）のような構造であると分かります．

1-4-4　ラーメン橋

　剛結構造を有するラーメン橋には，方丈ラーメン橋，π形ラーメン橋，門形ラーメン橋，V脚ラーメン橋，PC橋に多い多径間連続ラーメン橋などがあります．ラーメン橋は水平な主桁とこれを支えるラーメン橋脚で構成され，主桁と橋脚は曲げモーメントを伝達できる剛結合となっています．フィーレンデール橋も曲げモーメント，せん断力，軸力が部材に発生するラーメン橋の一種です．

（41）π形ラーメン橋

（42）連続ラーメン橋

（43）複合ラーメン橋

（44）門形ラーメン橋

（45）フィーレンデール橋

写真 1-1-9　ラーメン橋

維持管理の観点からは，主桁と橋脚に加えて，それらの剛結部は力の流れが複雑であるため注意が必要です．

1-4-5　アーチ橋

アーチ構造は，桁構造と同じぐらい基本的な構造形式の1つで，1つの平面内での形状が上側に凸の曲線となっている構造形式です．荷重によって主として圧縮力が生じるのが特徴で，

（46）パイプアーチ橋

（47）連続アーチ橋

（48）タイドアーチ橋

（49）ニールセンローゼ橋

（50）木製アーチ橋

（51）石造アーチ橋

写真 1-1-10　アーチ橋

支持条件によって固定アーチ，1ヒンジアーチ，2ヒンジアーチ，3ヒンジアーチなどに分類されます．また，アーチの支点部に発生する水平力を受け止める強固な地盤がない場合には，支点相互をタイ（引張材）でつないだタイドアーチなどの構造形式があります．

アーチ橋は古くからある構造形式であるため，様々な形式的，力学的，材料的なバリエーションがあります．

古い教科書では，アーチ橋のことを拱橋（きょうきょう）と記述しています．アーチの立上がり部分をアーチ起拱部と呼ぶのがその名残です．

1-4-6 斜張橋

斜張橋は，塔から斜め直線状に張ったケーブルで桁の中間部を吊った形式の橋のことを言います．桁をケーブルで吊っているということで，吊橋と合わせて吊構造形式とも呼ばれています．ケーブルの配置方法に放射型，ファン型，ハープ型があります．吊橋と異なり，橋の両端でケーブルを定着するケーブルアンカーが不要なことに特徴があります．設計の自由度が高く，ケーブル配置のほか，塔や桁の形式，使用材料など様々な組合わせの斜張橋が架設されており，美観に優れることから長大橋にとどまらず中小橋や歩道橋にも用いられています．

斜張橋は多数のケーブルを用いた構造物であり，維持管理的にはケーブルとその定着部の損傷やケーブル軸力等に注意する必要があります．

外見的に斜張橋に似ている形式の橋として，エクストラドーズド橋があります．斜張橋との外見の違いは，主塔が低く，斜材の角度が水平に近いことが特徴であり，挙動は吊構造よりも桁構造に近く，斜張橋に比べ桁の剛性が大きくなっています．

（52）斜 張 橋　　　　　　　　　（53）エクストラドーズド橋

写真1-1-11　斜 張 橋

1-4-7 吊　橋

吊橋は，路面となる補剛桁あるいは床組（ゆかぐみ）を空中に張り渡したメインケーブルから吊り下げた吊構造形式の橋のことです．一般的にメインケーブルを両端で固定するケーブルアンカーが設置されます．吊橋は最大の支間長を実現できるため長大橋に適用されますが，深い渓谷など山間部に架ける橋としても用いられています．路面を構成する部分は曲げ剛性のある補剛桁を用いる補剛吊橋と，曲げ剛性のない床組を用いる無補剛吊橋とがあります．

吊橋は，メインケーブルと路面をつなぐハンガーケーブル，耐風索とも呼ばれるストームケ

（54）吊橋（補剛トラス）

（55）吊橋（補剛トラス）

（56）吊橋（補剛桁）

（57）吊橋（人道）

（58）吊橋（人道）

（59）吊床版橋

写真1-1-12　吊　　橋

ーブルなどの多様なケーブルを用いた構造物であり，維持管理的にはケーブルとその定着部の損傷に注意する必要があります．

　吊床版橋は，吊構造形式の一つであり，ほぼ水平に張り渡したPC鋼材あるいはケーブルをコンクリート床版で取り巻き，その上を歩行者や自動車が通る路面とする形式の橋のことです．

大学高専等によるインフラメンテナンスのための人材育成

麻生　稔彦

　橋梁をはじめとする社会基盤施設（インフラ）のメンテナンスについて語るときに，「人，金，技術の不足」がよく出てきます．人とはインフラメンテナンスに従事する官民の技術者数，金とはインフラメンテナンスのために執行できる予算，技術とはインフラメンテナンスに従事する官民の技術者の技術力のことと解すことができます．このうち，予算に関しては国県市町等の管理者の判断によらざるを得ません．一方，技術者数や技術力の向上については，地域の教育機関との連携が図られるようになってきました．2018年末現在で，インフラメンテナンスのための人材育成を実施している主な大学高専と資格名称を**表-1**に示します．地方においてメンテナンス技術者および技術力の不足は深刻であり，表でも地方大学において多くの取り組みが実施されていることがわかります．地方における「地域のインフラは地域が守る」の具現化と見ることもできます．また，これらの大学高専の多くは地元の管理者や業界団体と協議会を設立しており，社会のニーズを人材育成にフィードバックする仕組みを作っています（例：ふくしまインフラメンテナンス技術者育成協議会，愛媛社会基盤メンテナンス推進協議会等）．

表-1　大学高専による主な人材育成実施状況

福島県	日本大学	ふくしまME（基礎）・ふくしまME（防災・保全）
新潟県	新潟大学	メンテナンスエキスパート新潟
岐阜県	岐阜大学	社会基盤メンテナンスエキスパート
愛知県	名古屋大学	橋梁点検士・橋梁診断士
京都府	舞鶴高専	准橋梁点検技術者・橋梁点検技術者
山口県	山口大学	社会基盤メンテナンスエキスパート山口
愛媛県	愛媛大学	四国社会基盤メンテナンスエキスパート
長崎県	長崎大学	道守補・特定道守（コンクリート構造・鋼構造）・道守

　大学高専等によるインフラメンテナンスのための人材育成は，岐阜大学と長崎大学が先駆的に取り組んできました．その後，他の機関でもそれぞれの地域の状況を反映した特色ある人材育成カリキュラムが構築されています．例として**表-2**は山口大学におけるカリキュラムです．山口大学では7日間にわたり座学と実習をあわせて計42時間の講座となっています．**写真-1**はトンネル実習，**写真-2**は実習後の班別討議の状況です．これに対して岐阜大学では20日間で120時間，愛媛大学では12日間で121.5時間の講座が開設されています．これは，山口大学では橋梁とトンネルに特化したカリキュラムとなっているのに対し，岐阜大学や愛媛大学では橋梁，トンネルに加え，斜面，河川構造物，上下水道など幅広いインフラを対象としているためです．また，名古屋大学では，撤去された道路橋の部材や劣化部位・付属物を集めた実橋モデルを大学内に構築し，これを利用した座学・実習が行

表-2 カリキュラムの例（山口大学）

	講座内容		講座内容
第1回【座学】	・オリエンテーション ・山口県の社会資本整備 ・道路舗装の維持管理 ・橋梁概論 ・橋梁の設計施工技術の変遷	第5回【実習】	・RC・PC橋点検・診断実習 ・点検・診断結果の討議 ・点検診断結果の講評
第2回【座学】	・トンネルの設計法 ・トンネルの点検・診断 ・トンネルの補修・補強 ・点検事前講習	第6回【座学】	・鋼橋の劣化現象と点検 ・鋼橋の診断 ・鋼橋の補修・補強 ・点検事前講習
第3回【実習】	・トンネル点検・診断実習 ・点検・診断結果の討議 ・点検診断結果の講評	第7回【実習】	・鋼橋点検・診断実習 ・点検・診断結果の討議 ・点検診断結果の講評
第4回【座学】	・RC・PC橋の劣化現象と点検 ・RC・PC橋の診断 ・RC・PC橋の補修・補強 ・点検事前講習	修了試験	・修了認定試験（選択・記述）

写真-1 トンネル実習

写真-2 点検・診断結果討議

われています．さらに，日本大学，新潟大学，愛媛大学ではインフラメンテナンスのみならず，防災についても講座の一部あるいは同様の講座として独立に準備されている場合があります．また，講座の座学や実習の限られた時間内では十分に教育できない場合もあります．その時に威力を発揮するのがe-ラーニングです．e-ラーニングでは職場や家庭での学習が可能となり，講座の事前事後学習にも有効です．インフラメンテナンスに関するe-ラーニングシステムは舞鶴工業高等専門学校社会基盤メンテナンス教育センターによって開発されています．

日本大学や長崎大学のように，育成する技術者のレベルを段階を追って向上させる仕組みをとっている取り組みもあります．長崎大学では，道守補を「点検作業ができる人」，特定道守を「点検計画立案，健全度診断ができる人」，道守を「道路全体の維持管理ができる人」と位置づけています．それぞれについて道守補（8日間36時間），特定道守（14日間76時間），道守（3日間20時間，特定道守合格者対象）の育成講座を開設しています．

それぞれの大学高専における詳しいカリキュラムはそれぞれの実施機関のホームページ等を参照してください．多くの方に受講していただき，それぞれの地域のインフラメンテナンスが確実に行えるように，安定的かつ継続的な人材育成が今後ますます必要となるでしょう．

私の思い出の橋

▶中央自動車道　鶴川大橋（つるかわ）

　鶴川大橋は中央自動車道の上野原IC付近に架かる橋で，上り線と下り線が昭和40年代に建設されました．この橋の拡幅工事と耐震対策を橋梁メーカーの設計担当者として取り組みました．旧橋は上路連続トラス橋，単純合成桁，切断合成桁，連続非合成桁からなっており，拡幅ステップごとの解析を行って既設橋梁の挙動に合わせて新設橋梁の設計とキャンバ形状を決めていく必要がありました．この時はじめて切断合成桁の存在を知り，橋の世界の奥深さを実感しました．

　既設橋梁の設計図はありましたが，拡幅設計を実施するに際して現場に幾度となく通って現場実測を行い，図面との齟齬や現場を見て感じる事の大切さを実感しました．

　耐震対策では，反力が1000トンを超える既設のピン支承を積層ゴム支承に取り替えました．支承取替では補強した支点部と橋脚の間にジャッキを据えて3mm浮かすだけなのですが，供用しながらの施工であるため失敗して中央自動車道を止めるような事態になればオオゴトなので現場に張り付き，信じてはいましたが予定通りジャッキアップが成功した時の安堵感をハイピアの上で感じました．

（玉田　和也）

形　式　トラス橋
橋　長　482m
所在地　山梨県上野原町
竣工年　2000年

第Ⅰ編 メンテナンスに必要な構造工学

第2章
橋の部材と役割

2-1　橋の基礎知識
2-2　鋼橋の基礎知識
　2-2-1　鋼橋の構造形式
　2-2-2　I桁橋（鈑桁橋）
　2-2-3　その他の部材
　2-2-4　防食方法
2-3　コンクリート橋の基礎知識
　2-3-1　鉄筋コンクリート橋（RC橋）
　2-3-2　プレストレストコンクリート橋（PC橋）
2-4　床版の基礎知識
　2-4-1　鉄筋コンクリート床版（RC床版）
　2-4-2　プレストレストコンクリート床版（PC床版）
　2-4-3　鋼・コンクリート合成床版
　2-4-4　鋼床版
コラム
私の思い出の橋

2-1 橋の基礎知識

　広辞苑で「橋」を調べると,「おもに水流・渓谷・または低地や他の交通路の上に架け渡して通路とするもの」とあります.ここでは,橋の基本的な構造を,最も原始的な丸太橋と比較して説明します.まず,原始的な丸太橋では,両岸の丸太の支点となる軟らかい土の部分が丸太の重みで崩れてしまうのを防ぐため,石を敷いて土台を作ります.次に,両岸の土台の間に,対岸まで渡せそうな丈夫な丸太を渡します(**図1-2-1**左).これが最も原始的で簡単な橋で,対岸に渡るという最低限の役割は果たしています.この丸太に相当する部材を「主桁」,支点に敷いた石に相当する部材を「橋台」と呼びます.

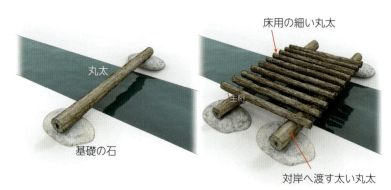

図1-2-1　原始的な丸太橋

　現在の橋では,**図1-2-2**左のように,この橋台は鉄筋コンクリートで造られ,橋の重さで沈んだり地震で横にずれたりしないように,しっかりと杭などで硬い地盤に固定されます.この橋台を両岸に構築した後,対岸に向けて主桁を架けます.この主桁は,現在では鋼材か,コンクリートで製作します.主桁は,対岸までの距離が長いほど,橋自身の重さや橋を渡る車や人の重さにより,下方に大きく変形しようとし,その重さに耐えられなくなると,真っ二つに折れて落橋してしまいます.主桁は,この下方への変形に抵抗するため,対岸までの距離が長いほど,断面を大きくする必要があります.丸太の場合,対岸までの距離が長ければ,より太くて丈夫な丸太が必要になるであろうことは想像できると思います.

　鋼材やコンクリートでも,基本的には対岸までの距離が長いほど,より大きな断面が必要になりますが,丸太のような充実断面では効率が悪いので,鋼材の場合はI断面や箱断面,コンクリートの場合はT形の断面や箱形の断面が使われます.主桁自身の重さをより軽く,かつより曲がりにくくするために断面の形が工夫されています.

　原始的な丸太橋にせよ,現在の橋にせよ,"対岸に渡る"という最低限の目的は,これで果たすことができます.ただし,どちらの橋も,幅の狭い1本の主桁の上を歩いて渡るのは大変です.まず,これでは車は通れません.人や車を通りやすくするために,主桁の上に床を構築し

ます．主桁を複数本並べ，その間に床を載せます．この床を「床版」と呼びます．原始的な丸太橋では，**図1-2-1**右のように主桁にあたる大きな丸太を2本並べ，主桁より小さい丸太を隙間なく渡していきます．現在の橋では，**図1-2-2**右のように，鋼製やコンクリート製の主桁を複数本並べ，その間に鉄筋コンクリートの床を構築します．床版は基本的に，2つの主桁の間で床版自身の重さや自動車や歩行者の荷重を支えればよいので，対岸までの重さを支える主桁に比べて，小さな断面とすることができます．原始的な丸太橋も，現在の橋も，これで交通を通すという最低限の橋の機能は果たすことができます．ここまでの構造は，両者とも大きな違いはありません．ここで，原始的な丸太橋と比較した説明は終わりにします．

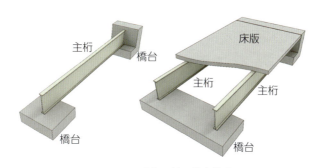

図1-2-2　現在の橋の基本構造

現在の橋に注目します．**図1-2-2**に示した基本的な橋の真ん中を車が走行した場合，2つの主桁にかかる力は均等になります．一方，車が片側に寄った場合，このままでは，片側の主桁が車の重さをすべて負担することになります．車が片側に寄った場合でも，2つの主桁が共同して抵抗できるように，2つの主桁を主桁より少し小さい断面の桁でつなぎます（**図1-2-3**）．この横方向の桁を「横桁」と呼び，その機能から「荷重分配横桁」とも呼ばれます．

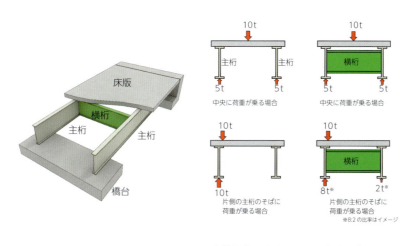

図1-2-3　横桁の説明

ここで基本的な橋の構造をもう少し詳しく説明します．**図1-2-4**に現代の橋の基本構造と名称を示します．丸太橋では土台（橋台）の上に直接，主桁（丸太）を載せていましたが，現代の橋では主桁と，橋台や橋脚の間に支承と呼ばれる装置を設置します．この支承を別名，沓（シュー）とも呼びますが，このシューは英語のシューズ（Shoes）からきており，文字どおり橋の靴の役割を果たしています．鋼やコンクリートで造られる主桁は，温度変化とともに膨張して長くなったり，収縮して短くなったりしますので，地盤に固定されて動かない橋台や橋脚との間でずれようとします．また，橋の上に車が載ると，橋が変形して支点の部分で回転しようとします（**図1-2-5**）．この動きを吸収するのが支承の役目で，移動や回転を許すための機械的な機構をもつ鋼製支承のほか，この動きをゴムの変形で吸収するゴム支承があります（**写真1-2-1**）．ここで，主桁が伸縮した際に，主桁と橋台（端支点の場合）や，主桁同士（中間支点の場合）がぶつからないようにするための主桁と橋台，主桁同士の隙間を「遊間」，支承と橋脚，支承と橋台の間にモルタルを流し込み，支承を支えるとともに支承の据付け高さ調整の役割を果たす台座を「沓座モルタル」と呼びます（**写真1-2-1**参照）．この2つの言葉は橋のメンテナンスをするうえで重要なキーワードになりますので，覚えておいてください．

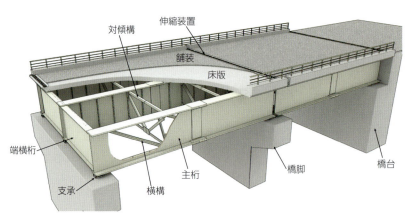

図1-2-4　現在の橋の基本構造と名称

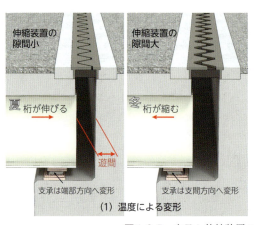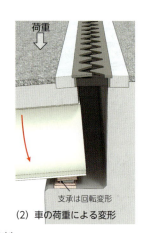

図1-2-5　支承と伸縮装置の役割

　　　　（1）鋼製支承　　　　　　　　　　（2）ゴム支承

写真 1-2-1　支　承

　支承は温度や自動車荷重による主桁の変形を妨げないようにするための装置ですが，主桁が温度で伸縮すると，橋台と主桁の間に隙間ができてしまい，このままでは車や人の通行に不都合が生じます．主桁の伸縮を許しながら，路面の連続性を保つため，主桁の端部の路面には伸縮装置が設けられます（**図 1-2-5**）．

　伸縮装置には，櫛形の鋼材を主桁側，橋台側双方から張り出すことで路面の連続性と主桁の伸縮を両立した鋼製伸縮装置，ゴムの伸縮でそれらを実現したゴムジョイントなどがあります（**写真 1-2-2**）．

　　　　（1）鋼製伸縮装置　　　　　　　　　（2）ゴムジョイント

写真 1-2-2　伸 縮 装 置

　橋は，主桁に用いる材料によって分類されています．主桁を鋼で造ったものを鋼橋，コンクリートで造ったものをコンクリート橋と区別しています．

2-2　鋼橋の基礎知識

鋼橋は，橋梁製作工場で製作された部材を現場に搬入し，現地で組み立てて橋を完成させます．まず，鋼材メーカーで造られた鋼板が橋梁製作工場に納入されます．その後，設計図に従ってガス切断，プラズマ切断，レーザー切断により所定の大きさ，形に切断されます．切断された鋼板は工場内のクレーンで組み立てられた後（**写真1-2-3の左**），溶接で一体化されます．溶接が完了した部材は，鋼材の腐食を防ぐために何層にも塗装された後，架設現場までトラックで輸送されます．架設現場では搬入された部材をクレーンで吊り上げ（**写真1-2-3の右**），部材同士を主に高力ボルトと呼ばれる高強度のボルトで接合していくことで橋が完成します．

溶接や高力ボルトが普及する前は，工場での接合を含めてリベットと呼ばれる鋲で鋼板同士がつながれていました．隅田川にかかる勝鬨橋，永代橋などの歴史的橋梁は，すべてリベットで接合されており，溶接やボルトは基本的に使われていません．リベットは作業が煩雑で人手もかかることから，今は溶接接合やボルト接合に活躍の場を譲りましたが，溶接構造で課題となる後述する疲労の問題も少なく，今も健全な姿を優雅に見せています．

写真1-2-3　鋼橋の工場製作と現場架設

2-2-1　鋼橋の構造形式

鋼橋の形には，皆さんがよくご存じのトラス橋，アーチ橋，吊橋など様々な形がありますが，実はそれらは特殊な形式で，数としてはそれほど多くはありません．一般的な鋼橋のほとんどは，2-1で説明したような対岸に渡るための主桁を横桁などの横つなぎ材でつなぎ，その上に床版を載せた桁橋と呼ばれる構造形式です．鋼橋の桁橋は主桁の形状により，I桁橋と箱桁橋に分けられます（**図1-2-6**）．I桁，箱桁の名称は，まさに主桁の断面形状を表しており，**図1-2-6**に示すようにI桁橋は断面の形がI形，箱桁橋は断面の形が箱形の形をしています．I桁橋は，鈑桁橋とも呼ばれます．

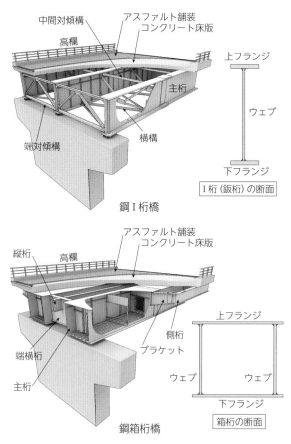

図1-2-6 鋼I桁橋と鋼箱桁橋

2-2-2　I桁橋（鈑桁橋）

桁橋の形式にはI桁橋と箱桁橋がありますが，数としてはI桁橋が圧倒的に多く，最も一般的な形式となります．橋梁数の大多数を占める中小橋梁では，重量が軽く製作が簡単で，経済性に勝るI桁橋が採用されるためです．一方，箱桁はI桁に比べて曲げに対する抵抗を表す断面二次モーメント（後述の4-6-4参照）を大きくできるほか，閉断面であるためねじりに対する抵抗が強く，ねじりの影響を受けやすい曲線橋や，スパンの長い橋に適用されることが多いです．

ここでは，鋼橋の代表的な主桁の形式であるI桁橋に着目して，その構造を詳しく説明します．図1-2-7にI桁の説明図を示します．実際の橋は部材ごとに色が変わるわけではありませんが，ここでは説明のため，部材ごとに色分けしました．

I桁の上縁および下縁に設けられる板部材を，それぞれ上フランジ，下フランジと呼びます．断面二次モーメントを大きくし，曲げモーメントに抵抗する効果を向上させます．なお単純桁（1-4-3参照）の場合は，上フランジが圧縮を，下フランジが引張を負担します．

フランジの間にあるI断面の鉛直部分を構成する板部材を，ウェブ（腹板）と呼びます．主に主桁に作用するせん断力に抵抗する効果と，上下フランジ間の距離を稼いで断面二次モーメントを大きくする効果があります．

第1編　メンテナンスに必要な構造工学

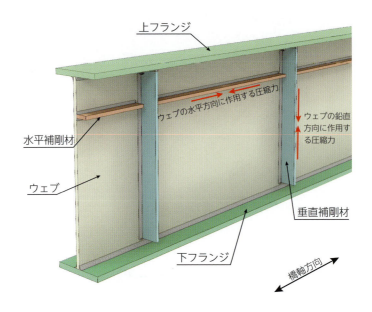

図1-2-7　I断面桁

　I桁を構成する主な部材はフランジとウェブで，ウェブに十分な厚さがあればフランジとウェブのみで主桁が成り立ちますが，経済性を考慮すると，断面積の大きなウェブを必要以上に厚くするのは得策ではありません．通常，ウェブは高さが1,000～3,000mm程度であるのに対して，9mm程度の薄い鋼板（高さの100分の1以下の厚さ）が用いられます．詳しくは**5-3-1**で説明しますが，高さに対して厚さの薄い鋼板に外力が作用した場合，外力が引張である場合は問題ないのですが，圧縮力がかかった場合，材料の強度よりも相当に小さい荷重で板面の外方向（面外方向といいます）にはらみだして大きく変形し，荷重に耐えられなくなります．この現象を"座屈"と呼びます．薄いブリキの板を思い浮かべてください．薄いブリキの板を引っ張ってちぎることはどんなに力のある人でもできませんが，圧縮力を加えて面外に変形させ，縮めるのは力のない人にも容易に可能なことが想像できると思います．薄板で構成される鋼橋の部材は，この座屈を防止するために補剛材で補強されます．

　図1-2-7中には補剛材も示しています．補剛材は主にウェブの座屈を防止するために設置され，水平方向の圧縮力に対して抵抗する補剛材を水平補剛材，鉛直方向の圧縮力に対して抵抗する補剛材を鉛直補剛材と呼びます．鉛直補剛材は，横桁や，次に説明する対傾構を主桁と接合するための役割も持っています．また，大きな圧縮力がかかる支点では，より断面の大きな補剛材が設置されます（支点上補剛材と呼びます）．

　ところで，**図1-2-7**に示した水平補剛材は，ウェブの中央ではなく，上側に設置されています．ウェブの水平方向の圧縮力は，主にI桁の曲げ変形により作用しますが，一般的な下方に曲がろうとする曲げ変形では，上側が圧縮され，下側が引っ張られます．そのため，水平補剛材はウェブの上の方に設置されます．ただし，下側に設置される場合もあります．例えば，連

続桁（**1-4-3**参照）の中間支点では，その中間支点を中心に逆の曲げ変形（上側が引っ張られ，下側が圧縮される）となるため，水平補剛材はウェブの下側に設置されます．さらに，中間支点と支間中央の境では，自動車荷重の載荷の位置により，下側に曲げられたり（正曲げと呼びます），逆側に曲げられたり（負曲げと呼びます）しますので，上下ともに水平補剛材が設置されます（**図1-2-8**）．

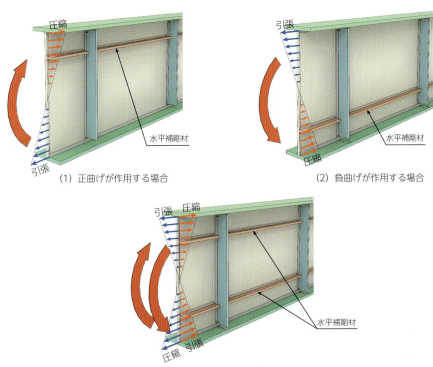

(1) 正曲げが作用する場合　　(2) 負曲げが作用する場合

(3) 自動車荷重（活荷重）の位置により，正曲げと負曲げの両方が作用する場合

図1-2-8　垂直補剛材と水平補剛材

　I桁橋は，以上に説明したフランジ，ウェブ，補剛材を，溶接で接合することにより構成されます．この溶接は工場で行われ，輸送できるサイズで製作された後に架設現場に輸送され，現場でボルトや溶接により接合されます．この接合方法については，**5-2-1**で詳しく説明します．

2-2-3　その他の部材

　上述の主桁を構成するI桁や箱桁に，様々な部材を接合して，鋼I桁橋や鋼箱桁橋が成り立っています．ここでは，それら主桁以外の部材について説明します．

(1) 横　桁

　横桁の役割は**2-1**で説明しました．横桁の構造は基本的に主桁と同じI桁です．フランジとウェブと補剛材で構成されたI桁構造が一般的で，小さい横桁では補剛材が省略されているものもあります．

(2) 対傾構

　地震荷重，風荷重などの横荷重による横方向の変形や，鉛直荷重による主桁の横倒れ座屈を

図1-2-9 横桁，中間対傾構，端対傾構，横構

防ぐために，桁間を結ぶトラス型の部材のことを言います（**図1-2-9**）．断面がL形のアングル材やT形の型鋼を用いて構成されます．桁端部にある両端のものを端対傾構，中間部のものを中間対傾構と言います．中間対傾構は斜材がV字に，端対傾構では斜材が山型に組まれます．端対傾構では，端部のコンクリート床版を下から支えられるように，山型に組まれています．

(3) 横　構

図1-2-9のように桁間を下フランジの近傍で横方向に結ぶ部材のことを言います．主桁と共同して水平方向のトラスを形成しています．機能は対傾構と同様で，地震荷重，風荷重などの横荷重や，横倒れ座屈など横方向の変形を防ぐことを目的としています．

2-2-4　防食方法

鋼材は，大気中では水，酸素と反応して腐食するため，通常，鋼橋では塗装などで鋼材表面を覆うことで腐食を防止します．鋼橋の代表的な防食方法として，塗装，耐候性鋼材，亜鉛めっき，溶射があります．ここではそれぞれの防食方法について，その概要を説明します．

(1) 塗装（防食下地，中塗り，上塗り）

塗装は，外観をきれいにするだけではなく，水，酸素，塩化物イオンなどの腐食因子から鋼材を保護するという重要な役割を有しています．そのような防錆を目的とした塗装は，防食下地（下塗り），中塗り，上塗りの3層から構成されています．防食下地は鋼素地のさび止めと付着強化の役割をもち，上塗りは環境の腐食性因子からの遮断，および外観をきれいにする役割を持っています．中塗りは，下塗り・上塗りの両者に対する付着性をもち，両者の層間付着を強化することが主な目的です．下塗りには現在ではジンクリッチ系塗料が多く用いられます．ジンクリッチ系塗料は亜鉛粉末を多量に含み，その亜鉛はイオン化傾向が鉄より高いため鋼材より先に腐食するという犠牲陽極作用による防食効果があります．さらに，亜鉛化合物は緻密であるため，腐食因子から鋼材を保護する役割ももちます．中塗りには付着力に優れたエポキシ樹脂系塗料，上塗りには耐候性および外観に優れたフッ素樹脂塗料が多く用いられます．

（2）耐候性鋼材

　耐候性鋼材はリン，銅，クロムなどを含有する鋼材であり，鋼材表面に緻密で安定なさびを形成することで，塗装をせずとも鋼材の腐食を抑制できるという機能を持ちます．しかし，飛来塩分や凍結防止剤などの塩分が付着する場所では，層状剥離さびや，うろこさびなどの深刻な損傷が発生することがあることが知られており，そのような環境では裸仕様（鋼材をむき出しで使うこと）では用いないことが推奨されています．また，桁端部は伸縮装置からの漏水などにより腐食する事例が多いため，近年では，耐候性鋼材を用いた橋梁においても桁端部は塗装される事例が多く見られます．

（3）亜鉛めっき

　亜鉛めっきは，溶融した亜鉛浴中へ鋼材を漬けることで全面を被覆し，亜鉛と鋼材の界面に合金層を形成するものです．上述のジンクリッチ系塗料と同様，亜鉛のイオン化傾向は鉄より高いため，犠牲陽極作用により鋼材の腐食を抑制します．しかし，飛来塩分量が多い地域や，硫黄酸化物が多い地域では短期間でめっき層が消耗し，腐食を生じる場合があるため，適用条件を考慮しながら用いることが重要です．

（4）金属溶射

　金属溶射は，溶融した亜鉛アルミニウムなどの金属を圧縮空気で鋼材に吹き付けて被膜層を

（1）塗装された鋼橋

（2）耐候性鋼材を用いた鋼橋

（3）亜鉛めっきされた鋼橋

（4）金属溶射された鋼橋

写真1-2-4　各防食方法を施した鋼橋の例

形成させる方法です．亜鉛めっきと同様に，溶射金属による保護被膜，および溶射金属による犠牲防食により鋼材の腐食を抑制します．亜鉛めっきよりも構造物の大きさや形に対する制約は少ないですが，狭隘部(きょうあいぶ)の施工について品質を確保することが困難であるという課題もあります．また，溶射面は粗く，溶射被膜には気孔が多いため，溶射の後に封孔処理という気孔を埋める処理が必要になります．

写真1-2-4に，それぞれの防食を施した橋梁を例示します．

2-3 コンクリート橋の基礎知識

コンクリート橋は，鋼橋以上に数多くの構造形式があります．コンクリートという材料は，型枠を組み立てて，ここに生コンクリートを流し込んで作るため，どのような形状にも製作することが可能です．また，コンクリート材料は，圧縮に強く，引張に弱いという特性を持っています．そのため，通常，引張力に抵抗できるように，鉄筋と組み合わせて鉄筋コンクリート（RC）として使われます．さらに，橋梁では桁部材にあらかじめ圧縮応力を入れておき，荷重作用により発生する引張応力を低減するというプレストレストコンクリート（PC）の技術が多く用いられます．したがって，コンクリート橋のことを「PC橋」と表現する場合も多くあります．ここでは，RC橋とPC橋，それぞれの基礎知識と特徴について解説します．

2-3-1 鉄筋コンクリート橋（RC橋）

鉄筋コンクリート橋（RC橋）とは，引張に弱いコンクリートの内部に鉄筋を適切に配置させ，圧縮力に対してはコンクリートで，引張力に対しては鉄筋のみで抵抗させることで構造を成立させるとともに，有害なひび割れが生じないように配慮して鉄筋を配置した橋のことです．主桁の断面の形状により分類され，RC床版橋（**図1-2-10**），RCT桁橋（**図1-2-11**）などがあり

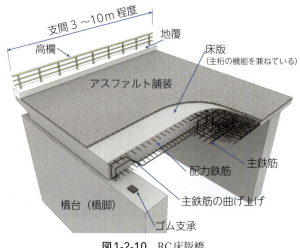

図1-2-10　RC床版橋

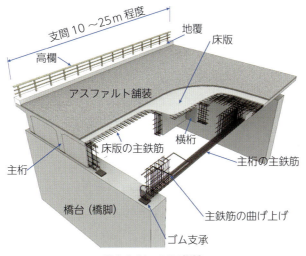

図1-2-11 RCT桁橋

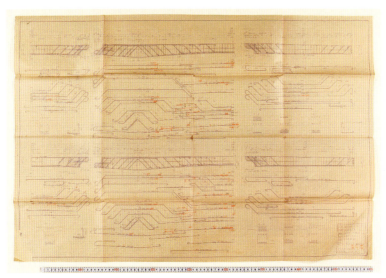

写真1-2-5 RCゲルバー橋の配筋図（京都府立資料館）

ます．単位面積当たりの自重（死荷重と呼びます）が大きく，支間長を長くすることができないため，適用支間は床版橋などの充実断面で3〜10m程度，中空断面で10〜18m程度，RC橋の中では支間を伸ばすことができるT桁橋でも最大25m程度です．そのため，今では効率的に支間を大きくすることができるPC橋が，一般的なコンクリート橋として建設されるようになりました．

RCゲルバー橋の貴重な配筋図を写真1-2-5に示します．図1-2-10, 11と併せてごらんください．支間中央付近は曲げモーメントが大きいため，下側の主鉄筋量が大きくなっており，桁端に近づくと鉄筋の一部が上方に斜めに曲げ上げられ，下側の鉄筋量が少なくなっていきます．斜めの部分の鉄筋は支点近傍で大きくなるせん断力に抵抗することができるため，効率的な鉄筋配置となっておりますが，鉄筋量が変化する部分でひび割れが発生しやすくなる場合もあり，

注意が必要です．

2-3-2　プレストレストコンクリート橋（PC橋）

前述したように，コンクリートは圧縮には強く，引張には弱いという性質があります．この弱点を補うためにコンクリートの中に鉄筋を配置させ，引張力を鉄筋に負担させたのが鉄筋コンクリートですが，さらに積極的にこの弱点を補う方法として，コンクリートにあらかじめ圧縮力を作用させておき，外力による引張力と相殺させることで，結果としてコンクリートに引張力を与えないという画期的な技術が開発されました．この技術を用いたコンクリートをプレストレストコンクリート（PC）と呼び，この技術を用いて建設された橋をPC橋と呼びます．この技術により，コンクリート橋の支間は飛躍的に伸びました．PC構造の原理については，**5-3-2**に詳しく記載していますので，そちらをご参照ください．

PC橋の種類も，RC橋と同様に主桁部材の断面形状によって分けられ，またプレストレス力の導入方法によってもプレテンション方式とポストテンション方式に分けられ，さらには架設

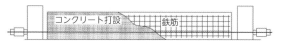

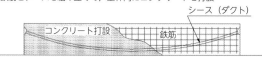

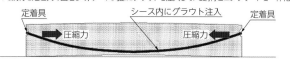

図 1-2-12　プレテンション方式とポストテンション方式

分類	断面形状	適用される構造	架設方法	適用支間長（目安）
プレテンション	床版橋（スラブ桁）	単純桁	工場製作→運搬→クレーン等により架設	5〜24m
	T桁橋			18〜24m
ポストテンション	T桁橋	単純桁	現場または工場製作→運搬→クレーン等により架設	20〜45m
	合成桁橋			20〜40m
現場打ち	中空床版橋	単純桁／連続桁	固定支保工，大型移動支保工により架設	20〜30m
	版桁橋			20〜35m
	箱桁橋	単純桁／連続桁／ラーメン橋	固定支保工，大型移動支保工，張出し施工により架設	30〜180m

図1-2-13　PC橋の分類

方法によっても分けられます．ポストテンションとは，コンクリートが硬化した後にPC鋼材を配置し，緊張力を導入して桁に圧縮力を導入する方式です．一方，プレテンションとはあらかじめ緊張力の入ったPC鋼材を包み込むようにコンクリートを打設し，コンクリートが硬化した後に緊張力を開放して桁に圧力を導入する方式です．

それぞれの桁の製作方法の概要を**図1-2-12**に示します．プレテンション方式は，反力台（アバット）が必要であるため，工場で桁を製作し，架橋位置まで運搬するのが一般的です．これに対して，ポストテンション方式は，通常は現場で桁を製作します．

代表的なPC橋の断面形状と，プレストレスの導入方法および架設工法による分類について**図1-2-13**に示します．ポストテンション方式の桁では，PCグラウト（PC鋼材が配置されたシース管内の空隙にセメントペーストを注入して空隙を埋めること）の充填状況が橋の耐久性を大きく左右することになります．このグラウトが十分でないと，PC鋼材が腐食して重大な損傷が発生する場合があります．一方，プレテンション方式の桁ではグラウトはありません．

PC橋を構成している各部材の呼称について説明します．ここでは，一般的なPCT桁橋について解説します．**図1-2-14**はPCT桁橋の構造を示しています．PCT桁橋は断面がTの形をしたPCの主桁を並べて，横方向に連結したものです．Tの字の鉛直方向部材をウェブと呼び，頂部のカサの部分をフランジと呼びます．また，横桁同士を連結している隔壁を横桁と呼びます．T桁のウェブ内部には橋軸方向に内ケーブルが配置されています．また，直角方向にはT桁のフランジ同士の間に間詰めコンクリートを打設し，横締めPCケーブルを緊張して，一体化しています．横締めケーブルはフランジ部だけでなく横桁部にも配置されているのが一般的です．

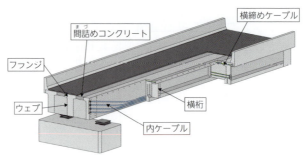

図1-2-14 PCT桁橋

次に架設方法について説明します．コンクリート橋の架設方法は数多くありますが，ここでは，コンクリート橋で比較的施工実績が多いポストテンション式T桁橋の架設方法について，施工状況写真を用いて説明します．ポストテンション式T桁橋は，現場のヤードにて型枠を組み立て，その内部に鉄筋と主方向PC鋼材用のシースを配置して，コンクリートを打設します（**写真1-2-6（1）**）．プレテンション桁の場合は，この桁を工場で製作して，現場まで運搬することになります．打設完了後，コンクリートが所定の強度に達したら，主方向PC鋼材を緊張してプレストレスを導入し，これでT桁が完成しますので，次にこのT桁を架橋位置に設置し

（1）PCT桁の製作

（2）PCT桁の架設

（3）床版（間詰め部）工事

写真1-2-6 T桁橋の架設

ます（**写真1-2-6（2）**）．この例ではクレーンによって架設していますが，クレーンが使用できないような箇所では架設桁によって架設する場合もあります．架橋位置にT桁を配置したら，T桁同士をつなぐ必要があります．そこで，T桁のフランジ同士の隙間に型枠を設置し，鉄筋を組み立てた後にコンクリートを打設します（**写真1-2-6（3）**）．その後，あらかじめ孔をあけておいたフランジ部にPC鋼材を通して，横方向に緊張することで，各T桁を一体化させます．最後に高欄や付属物，そして橋面の調整コンクリートなどの橋面工を施工し，完成となります．

2-4　床版の基礎知識

　床版は，2-1で説明したように鋼やコンクリートの主桁の上に構築される板状の構造物で，通常，この床版の上に舗装することで，車や人が通行する路面を形成します．主桁上に配置されたずれ止め（スタッド）や鉄筋によって主桁と一体化されます．

　床版は，その材料や耐荷構造によって，鉄筋コンクリート床版（以下，RC床版），プレストレストコンクリート床版（以下，PC床版），鋼板とコンクリートによる合成床版，および鋼板と補強リブによる鋼床版に分類されます．一般的には，経済性や維持管理の観点から，古くからRC床版が採用されています．近年では，耐久性向上の観点からPC床版や合成床版，鋼床版も数多く採用されております．以下に，主な床版構造について概要を説明します．

2-4-1　鉄筋コンクリート床版（RC床版）

　RC床版は，床版内の上側および下側に格子状に配置した補強鉄筋とコンクリートの共同作用により，外力に抵抗する構造です．例えば桁と桁の間（これを床版支間部と呼びます）に荷重が載荷された場合には，下側に配置された鉄筋が引張応力に抵抗し，上面部ではコンクリートが圧縮応力に抵抗します．またその場合，主桁上の床版では，圧縮応力と引張応力の発生位置が上下で逆になるため，上側に配置された鉄筋が引張応力に抵抗し，下面ではコンクリートが圧縮応力に抵抗することになります．また，格子状に鉄筋が配置されるのは，橋軸方向（車両進行方向）と

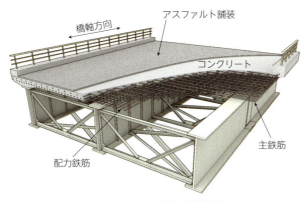

図1-2-15　RC床版の標準形状

橋軸直角方向（車両進行方向と直角な方向）それぞれに応力が発生するためです．この応力の大きさは，床版の上下や配筋の方向によって異なりますので，これに伴い鉄筋の量（鉄筋径および配置間隔）が異なっています．

　RC床版は，床版支間（主桁と主桁の間隔）があまり広くない（およそ4m以下）橋梁に採用されます．床版の厚さは，この床版支間に応じて厚くなり，最近では20数cm程度のものが多くなっていますが，RC床版の損傷が顕在化する昭和40年代より以前に建設されたRC床版は20cmを下回る薄い床版も存在しています．

2-4-2　プレストレストコンクリート床版（PC床版）

　PC床版は，上記のRC床版にプレストレスを導入して抵抗力を向上させた床版です．プレストレスは，橋軸直角方向に導入する1方向のPC床版がほとんどですが，まれに橋軸方向にプレストレスした床版や，あるいは両方向にプレストレスした2方向のPC床版もあります．

　PC床版は，主桁間隔（床版支間）が4〜6m程度と広く，RC床版より大きな断面力が作用する床版に採用されます．近年では工期短縮などの観点から，プレキャストのPC床版が採用されることがありますが，この場合はプレキャスト床版の製作工場においてプレテンション方式でプレストレスを導入しています．なお，1方向のPC床版は，プレストレスが導入されていない方向（一般的には橋軸方向）はRC構造で抵抗することになることを認識しておくことが大切です．

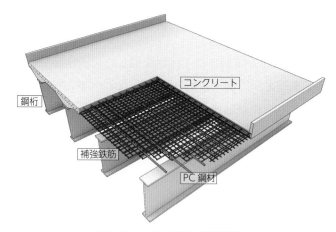

図1-2-16　PC床版の標準形状

2-4-3　鋼・コンクリート合成床版

　床版の底部に設置された鋼板（底鋼板）にずれ止めを配置して，鋼板とコンクリートを一体化（合成）した床版です．底鋼板が床版の下面に発生する引張応力に抵抗することを構造上の特徴としており，この底鋼板は，施工時にはコンクリート打込み用の型枠としても機能することから，省力化，工期短縮などの目的で交差条件の厳しい橋梁などで多く採用されます．

　また，コンクリート内部には補強のための形鋼や鉄筋が配置されますが，これらの構造は製

2-4 床版の基礎知識

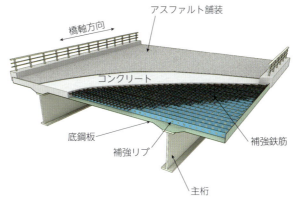

図1-2-17 代表的な鋼・コンクリート合成床版

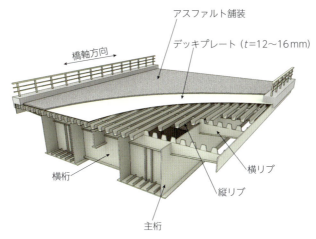

図1-2-18 鋼床版の標準形状

品（製造メーカー）ごとに異なっていますので，採用する合成床版の構造をよく理解して設計や施工および維持管理をすることが重要です．

2-4-4 鋼床版

厚さ12〜16mm程度の鋼製のデッキプレートを，縦リブや横リブ等で補剛した構造の床版で，すべて鋼板により構成される床版です．軽量で架設後の現地作業が軽減できることから，特に桁高制限が厳しいために死荷重の軽減が必要となる橋梁や，交差条件が厳しく床版コンクリートの施工が困難な場合に採用されます．ただし，鋼床版は高価であることや，交通荷重の繰返しにより溶接部の疲労損傷が問題となっていますので，採用にあたっては十分な検討が必要です．

メンテナンスとAIの付き合い方

全　邦釘

近年，人工知能（以下，AI）技術が急速に発展してきており，その性能・威力について知られてきています．囲碁や将棋ではトッププロをしのぐほどの強さとなっており，話題にもなったのでご存知の方も多いかと思います．この強力なAIをメンテナンスに活用しようと様々な取り組みがなされています．例えば，**写真-1**のようにコンクリートを撮影した画像からひび割れを検出している事例や[1]，剥離や鉄筋露出を検出している事例があります[2]．

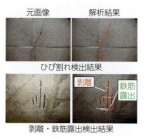

写真-1　損傷自動検出結果

写真-2　損傷の説明文の出力

この事例のように，点検・診断で人間にとって手間のかかる作業をAIに代わりにやってもらうというのが主流となっています．特に現状のAIは画像解析に非常に強く，撮影画像からの点検・診断についての研究が進められており，また一部は実用化もなされています．

ただ，「知能」という名前がついているからか，AIは万能だと考えてしまう人も多いですが，そうではないということには気をつける必要があります．AIの性能は，AIをどう学習させるかということに依存しており，よい学習のためには多くのデータが必要になります．逆に言うと，そういったことを理解した上で使えば強力なツールということでもあります．特に今後，ドローンによる点検が一般化し，撮影画像が蓄積されていけば，精度は飛躍的に上昇すると期待できます．

また，点検・診断は，その結果をもとに措置の必要性の有無，内容を決定するために行われるということを考えると，損傷検出にとどまらず，なぜその損傷が発生したか，進行性はあるか，といった所見を示した上で，措置方法を提案することが求められます．さらに，その提案を誤解して的はずれな措置を行わないために，なぜそのような措置を提案したのか，論理的な説明を同時に出力することも求められます．そしてそれは，管理者にとっても出力結果を納得して受け入れることにも繋がります．

ただ，論理的な説明を導き出すためには，これまで蓄積されている構造や材料についての知識をもとに，損傷の発生原因や性質などを理解する必要がありますが，それは容易ではなく，現在も研究が進められているところです．例えばエキスパートシステムと言われる，専門家のかわりに特定の分野に特化した知識をもとに推論をおこない，専門家のよう

にアドバイスや診断をおこなうシステムを，メンテナンスに使うための試みが進められています[3]．あるいは，Image caption generationと呼ばれる方法により，画像から説明を出力するような手法の研究も進められています．著者の研究室で進めている解析結果の例を**写真-2**に示します．こういったことが精度よく出来るようになれば，**図-1**のように，点検・診断をドローンにより自動で行い，補修補強といった措置はロボットが担当し，そしてドローンで経過観察をして措置が機能しているか確認する，といった先進的な橋梁メンテナンスが可能となってくるかもしれません．

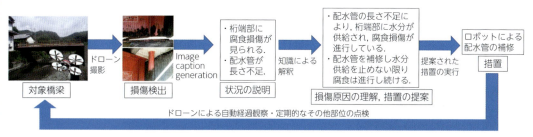

図-1 将来のメンテナンス像の一例

ここまで，AIが現状で出来ることと，現在進行形で取り組まれていることについて説明を行ってきました．現状ではAIにすべてを任せることは到底できず，人間が主導的に業務を行う状況はしばらく変わらないと思われます．ただし，近年のAI技術の進化は非常に速いため，もしかすると**図-1**のような未来が来るのは想定より早いかもしれません．例えば先に挙げた囲碁では，トッププロに勝つようになるには数十年かかると言われていましたが，AlphaGoと呼ばれるソフトの登場で一気に状況は変化しました．同じようなブレイクスルーが土木業界で起こらない保証はどこにもありません．

そのようにAIが過度に発達すると，人間が行う仕事が奪われる，そのような懸念もあります．しかしインフラメンテナンスについて言えばそのようなことにはならないと考えています．例えば，データにないような新技術や新手法，工夫についてはAIは学習できないため扱えないため，人間が主体的に扱う必要があります．また，どういった水準でインフラを維持管理していくかは，人間が責任を持って，地域におけるそのインフラの存在意義を理解しながら決定する必要があります．これらは土木技術者には昔から求められてきたことですが，その価値は今後も損なわれず，それどころか更に重要性を増していきます．結局のところは，我々土木技術者は自己研鑽に励んで知見・技術を磨き，そしてAIについてはツールの一種として使いこなせる技術者となることが，ますます大切になってくると考えています．

〔参 考 文 献〕
1) 全　邦釘ら：土木学会論文集F3, Vol.73, No.2, pp.I_297-i_307, 2017.
2) 柏　貴裕ら：土木学会第73回年次学術講演会，CS10-16, 2018.
3) 西川　和廣：第10回道路橋床版シンポジウム論文報告集，基調講演，2018.

私の思い出の橋

▶牛深(うしぶか)ハイヤ大橋

　熊本市街から車で約2時間，天草五橋を渡り，豊かな自然に恵まれた天草の街を走り抜けることさらに約2時間，天草諸島の南端に位置する牛深漁港に，イタリアの著名な建築家，レンゾ・ピアノ氏が設計した牛深ハイヤ大橋があります．この橋を初めて見た時，周辺の環境に調和した曲線の織り成す情景の美しさに，鋼橋でもここまで出来るのだと，深い感銘を受けました．昼はもちろんのこと，夜のライトアップされた景色もお勧めです．

（石井　博典）

形　　式　鋼床版箱桁橋
橋　　長　883 m
所在地　熊本県天草市
竣工年　1997年8月

第Ⅰ編　メンテナンスに必要な構造工学

第3章
橋を長持ちさせるために必要なこと
―考え方と技術―

- 3-1　なぜ橋を長持ちさせることが必要か？
- 3-2　橋を長持ちさせるためには
- 3-3　アセットマネジメントの考え方
- 3-4　ライフサイクルマネジメントとは
- 3-5　ライフサイクルマネジメントを実践するうえでの基本
  - 3-5-1　維持管理制度の充実
  - 3-5-2　点検・診断技術の高度化
  - 3-5-3　劣化・変状の進行および寿命の予測の高度化
  - 3-5-4　補修・補強の実施時期の判断
  - 3-5-5　補修・補強方法に対するコストデータの充実
  - 3-5-6　長寿命化技術の開発
- 3-6　ライフサイクルマネジメントを実践するうえでの留意点
  - 3-6-1　橋の多様性の理解
  - 3-6-2　システムとしての性能の考慮
  - 3-6-3　LCC最小化の本質の理解
  - 3-6-4　予防保全の本質の理解
  - 3-6-5　信頼性理論に対する理解

コラム
私の思い出の橋

3-1　なぜ橋を長持ちさせることが必要か？

　社会資本あるいは社会基盤施設と言われる多くの構造物は，不特定多数の人が使用する公共財であり，人々の税金が少なからず使用されて建設されています．よって，無駄なものや利便性のよくないものを造ったり，せっかく造ったのに短期間で不具合が生じてしまい手直しや造り直しの費用が余計にかかったりしては，問題となってしまいます．よって，できるだけ長く供用できることやできるだけ安く品質のよいものを造り上げることが求められることになるのです．橋をはじめとした社会基盤施設は，安全で安心して使うことができて当たり前と思われているので，ひとたび不具合が発生すると，使用材料の不良や施工者の手抜きなどが疑われることとなります．したがって，十分に検討された計画や設計，施工が不可欠であり，品質の良い，安心できる構造物を提供し，できるだけ長く供用することで国民の信頼を得る必要があります．国民の信頼が得られないとどうなるか？　構造物の新設や補修・補強等の工事への協力が得られないだけではなく，それらを担う技術者になろうとする人材が不足することになり，構造物を長持ちさせることもできなくなるでしょう．

3-2　橋を長持ちさせるためには

　橋を長持ちさせるためにはどうすればよいか？　この問いに答えるには，新設構造物と既設構造物に分けて考える必要があります．新設構造物については，文字どおりこれから新しいものを造るため，これまでの技術を組み合わせ，経済性も考慮し，適切な計画・設計・施工・維持管理を行うことにより長持ちする構造物を造ることが可能になります．一方，既設構造物はすでに構造物が存在し，完成から現在に至るまでに様々な作用にさらされているため，これを長持ちさせるためには維持管理のみで対応する必要があります．すなわち，適切な点検・診断（予測，性能評価）・対策を通し，構造物を延命化する必要があります．

　この行為は図1-3-1のように医療をアナロジーに考えることができます[1]．例えば，のどやお腹が痛いなどの症状が現れたら，まずはかかりつけのお医者さんに診てもらいます．そこでは，まず問診票を書かされ，のどの腫れを目で見たり（視診），お腹を触ったり（触診），たたいたりして（打診）胃や腸の動きを確認し，聴診器を当てて胸の音を確認します．そこで，詳細な検査が必要となれば，血液や尿の検査を行い，場合によってはX線や超音波で肺や内臓の状態を確認します．これらの診察結果を総合的に評価し，患者さんの病名やその進行状態を判断し，適切な治療（薬や手術の要否など）を行い，これらの過程をカルテに記録します．

　これを橋の医療に置き換えると，診察は構造物の医者である技術者（エキスパート）が行い，カルテに相当するものが橋梁台帳になり，これを整備することにより，個々の橋の諸元や補修・補強履歴などを把握することができます．また，現状の橋の診察は目視と一部打音検査に頼っ

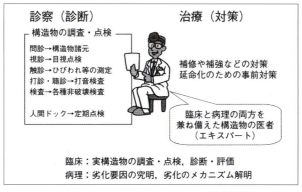

図1-3-1　インフラ・ドクターの概念図[1]

ているのが実状で，ここが人の医療との大きな違いになります．

　また，医師には実際の患者さんと向き合う臨床医と，大学病院のような所で病理を究明したり，新薬や新たな治療技術の開発を行ったりする医師に大別されるのと同様に，橋では，橋梁点検技術者と大学の研究者などがその役割を分担しています．もちろん人の医療と橋の維持管理を一緒くたに考えることはできませんが，目視と打音検査だけでは橋の正確な構造性能をとらえることはできないこと，逆に言えば目視や打音検査すらしっかりと行えなければ，適切な診断など到底できないことを理解する必要があります．そこに，点検技術者の技術力の向上を求める理由があるのです．今後は，目視や打音検査で異常が見つかった橋に対し，さらなる詳細調査を行う仕組みと，これらの症例を集め，AIなどで学習させることにより，構造物の見た目と内部の状態と構造性能の関係を明確に関連づける技術の開発が求められます．

　また，構造物を建設する計画段階から将来にわたって何年間供用する予定なのか，どのような維持管理を行っていくのかを十分に検討して，維持管理ができる体制や計画を作り上げておく必要があります．また，構造物を造る費用だけでなく，維持管理費用として点検費用や補修・補強等の対策費用が将来にわたって，どの程度必要になるかも検討しておく必要があります．さらに，壊れてから直す対症療法ではなく，予防保全的な対応により構造物の安全性を高い水準で確保することが可能となる場合もあります[2]．これらのことを踏まえると，計画的に合理的に構造物の維持管理を行っていき，橋を長持ちさせるために不可欠な運用手法として，アセットマネジメントやライフサイクルマネジメントの考え方が重要となります．

3-3　アセットマネジメントの考え方

　国土交通省では2003年に「道路構造物の今後の管理・更新等のあり方に関する検討委員会」（委員長：岡村甫高知工科大学学長）において図1-3-2に示される7つの提言を取りまとめています[3]．その中で道路構造物のアセットマネジメントを「道路を資産としてとらえ，道路構造物の状態を客観的に把握・評価し，中長期的な資産の状態を予測するとともに，予算的制約の中でいつど

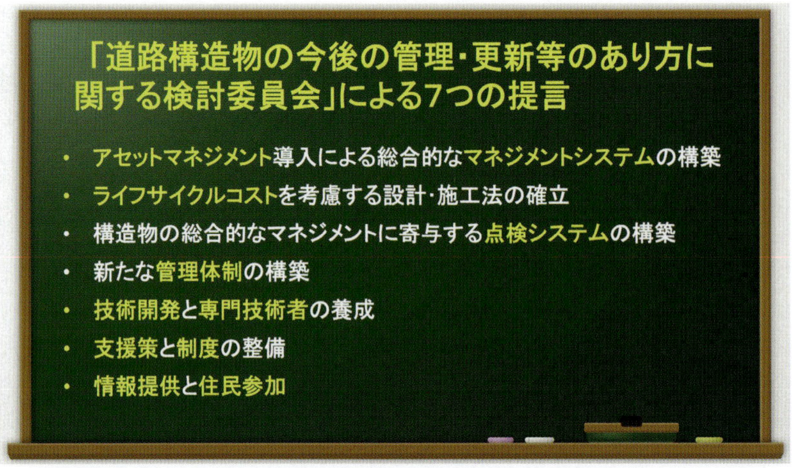

図1-3-2 「道路構造物の今後の管理・更新等のあり方に関する検討委員会」による7つの提言

のような対策をどこに行うのが最適であるかを考慮して、道路構造物を計画的かつ効率的に管理すること」と定義しています．これらの提言はマネジメントを行ううえで不可欠なポイントを余すところなくカバーしており、16年経った現在でも全く色あせることはありません．インフラの維持管理に携わる技術者は、今行っている業務に対し、図中の7項目をチェック項目として、何が改善され、何が課題として残っているかを評価してみるとよいと思います．

その後，土木学会建設マネジメント委員会アセットマネジメント研究小委員会（委員長：小澤一雅東京大学教授）では、2005年「アセットマネジメント導入への挑戦～新たな社会資本マネジメントシステムの構築に向けて～」と題した書籍[4]を発刊しています．その中で、アセットマネジメントを「国民の共有財産である社会資本を、国民の利益向上のために、長期的視点に立って、効率的、効果的に管理・運営する体系化された実践活動．工学、経済学、経営学などの分野における知見を総合的に用いながら、継続して（ねばり強く）行うものである」と定義しています．

3-4 ライフサイクルマネジメントとは

橋は、計画－設計－施工というプロセスを経て完成し、その後、長きにわたり供用されることになります．供用中は様々な作用にさらされながら、利用者やその周辺の人および財産の安全・安心を守る必要があります．そして安全・安心に問題が生じるようであれば、何らかの措置を施す必要があります．このように供用中の橋に対する要求性能を満足するための一連の行為を維持管理と位置づけることができます．そして、予定供用年数を全うし、これ以上使い続ける必要がなくなった場合、あるいは予定供用年数に達していなくても、これ以上使い続けるには厳しい状況に至った場合には解体撤去、あるいは架替え（更新）という手段を講じる必要があります．このように計画－設計－施工－維持管理－解体撤去－更新という一連のサイクルを橋のライフサイクルと呼び、ライフサイクルにわたり橋を安全・安心な状態に保ち続けること

が求められます．この一連のやりくりをライフサイクルマネジメントと呼んでいます．土木学会構造工学委員会内に設置された「土木構造物のライフサイクルマネジメント研究小委員会（委員長：鈴木基行東北大学教授）」の報告書[5]の中で，ライフサイクルマネジメントを「構造物のライフサイクルにわたり想定されるあらゆる状況下における性能が，構造物（群）の目的に応じて要求される性能を下回ることなく発揮されるように，構造物の設計，施工，維持管理の各段階において工学的に実践されるすべての技術的行為とその体系」と定義しています．

これまでに多くの構造物が構築され供用されてきました．しかし，構造物としての寿命を全うしたものもあれば，そうでなかったものもあります．構造物は，それぞれ建設当時の社会の要請に応えるべく，当時の最新技術や最適な材料を用いて設計，施工されてきましたが，早期に劣化が生じたり，災害の影響を受けたり，社会ニーズが変化したりしたことで，当初の寿命どおりのライフサイクルとなるものばかりではありません．また，建設後の構造物は何の対処も必要としないわけではなく，我々人間と同様に不調が生じれば診察や治療を受けることが必要ですが，そのような認識が十分でなかったことも否定できません．さらに，これまでの構造物においては何か支障が生じて初めて，補修・補強などの対策を施す対症療法的な対応が多く，気づいた時にはすでに手遅れとなる場合も多くみられました．一方，構造物を管理している自治体等の立場からは急に多くの対策が必要になっても予算の制約があることから，いつでもすぐに対策が行えるわけではありません．また，いつごろどのような対策が必要になるかが分からないと予算も組み立てることが難しいし，将来どの程度の維持費が必要かも分かりません．

このような問題点を解決する一つの方法として，ライフサイクルマネジメントが重要視されてきたわけです．例えば，構造物の健全度や劣化状況が把握できていれば，いつごろどのような対策が必要でどの程度の費用が必要となるかを検討することができます．また，構造物の状況が悪くなることが予想されれば，そのための予防対策を考えることもできます．このように現状をしっかり把握したうえで，将来のことを予想して計画的に対策を施したり，そのための予算を確保する検討を行ったりするためにも，ライフサイクルマネジメントが大切ということになります．

ライフサイクルマネジメントにおいては，情報の受け渡しと再検討（フィードバック）が極めて重要です．土木学会コンクリート標準示方書［基本原則編][6]では，その概念を**図1-3-3**で表しています．コンクリート構造物が供用を終えるまでには，数多くの組織が関与し作業を担当することになります．その中で構造物の性能を確保するためには，各段階で作業が適切に行われることは言うまでもありませんが，各段階で必要な情報が確実に引き継がれることも重要です．

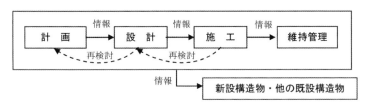

図1-3-3　ライフサイクルマネジメントにおける要諦[6]

そのためには，構造計画において基本方針を策定する段階で，引き継ぐ必要のある情報を明確かつ具体にしておくとともに，設計，施工，維持管理の各段階においては，次の段階に引き継ぐべき情報を整理し，伝達しなければなりません．また，作業を担当する各組織が情報をまとめ伝達する体制を整える必要があります．ここで，各作業担当者の主観によらず，さらには担当者が介さない状況でも客観的な判断ができるように，具体的な情報に整理しておくことが特に重要です．加えて，構造物の建設から維持管理に至るライフサイクルを通して，設計，施工，維持管理に関する様々な情報（例えば，課題や時に失敗事例等）を客観的，科学的な見地から検証し，そこから得られた知見を新規に建設される構造物や他の既設構造物に対してフィードバックすることも，技術の進歩と信頼性の高い構造物を実現するうえで重要です．

3-5　ライフサイクルマネジメントを実践するうえでの基本

　ライフサイクルマネジメントを導入して橋を長持ちさせるうえでの基本事項として，**図1-3-4**に示されることを理解しておくことが重要です．

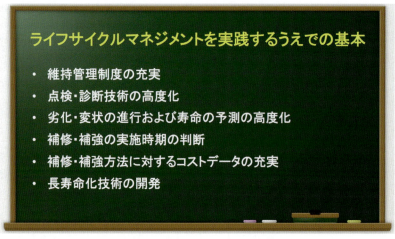

図1-3-4　ライフサイクルマネジメントを実践するうえでの基本

3-5-1　維持管理制度の充実

　多くの構造物を維持管理していくには多くの技術者や予算が必要となります．それぞれの構造物を管理する機関，特に数多くの中小橋梁等を管理する地方自治体においては，人材不足や財源不足により日々の維持管理活動を行うことに困難を抱えているところもあります．加えて，すべての橋梁やトンネルに5年に1回の近接目視点検を行う義務もあります．よって，これらをすべて地方自治体に押しつけるのではなく，うまく維持管理活動が行えるような制度上のサポートや国および政令市や大学等と地方自治体との連携が必要となります．

3-5-2 点検・診断技術の高度化

3-2にも前述されている点検・診断においてはその技術の高度化が求められる状況であり，他分野の先端技術を導入して，従来からの技術と組み合わせることで技術の精度を向上させる試みが続けられています．また，そのような技術を社会に早期に実装していこうというプロジェクトも進められています[7]．このような技術の高度化が求められる反面，従来の技術の良いところを再確認して活かしていこうという動きもあります．確かに，先進技術を用いることで合理的に点検や診断ができる場合もありますが，コストが高くなったり，現場の条件によっては従来技術の方が効率的であったりする場合もあります．そこで，従来技術と先進技術を組み合わせたり，場合分けをして使い分けたりすることが重要です．

3-5-3 劣化・変状の進行および寿命の予測の高度化

劣化・変状の進行および寿命の予測は，将来の構造物の性能の評価をするためにもとても重要な技術であることは間違いありません．よって，これらの方法をより高度化して，より正確な予測を行うことができるようにすることが重要であるとともに，このような技術開発を地道に継続して行っていくことが大事です．そのためにも，点検や診断等で得られたデータをより有効に使いこなせる環境が必要です．

ここで，用語の定義について述べておきます．変状，損傷，劣化の3つについて，土木学会コンクリート委員会では，「**変状**；何らかの原因で，コンクリートやコンクリート構造物に発生している，本来あるべき姿でない状態．初期欠陥，損傷，劣化等の総称．**損傷**；地震や衝突等によるひび割れや剥離のように，短時間のうちに発生し，その後は時間の経過によっても進行しない変状．**劣化**：時間の経過に伴って進行する変状」と定義しています[8]．しかし，鋼構造関係や別の機関では上記のように明確に定義されているわけではありません．例えば，国土交通省では橋梁定期点検要領[9]において，劣化や損傷をまとめて損傷として扱い，変状と損傷が使われていますが，明確に定義されておらず，ほとんどが損傷と書かれていることに注意が必要です．

3-5-4 補修・補強の実施時期の判断

補修・補強の実施時期については，維持管理限界に基づき判断されるのが基本となると考えられます[8]．しかし，現実には管理機関の予算や財源，維持管理体制にも影響されるものであり，ライフサイクルマネジメントによる予算の平準化や優先順位などにも大いに影響を受けます．近年では，構造物を管理する機関が学識経験者等に相談する仕組みを作り，産官学の検討委員会を組織して十分な検討を行い，補修・補強の方針や方法等を決定しているケースも増えています．

3-5-5 補修・補強方法に対するコストデータの充実

各補修・補強方法等に対するコストについては，メーカーによってはなかなか開示されない

ものもありますが，ライフサイクルマネジメントにおいてはとても重要なデータとなることが明白であり，これらのデータの蓄積や開示も必要不可欠です．また，現在様々な補修・補強方法が開発され，実際に使われていますが，その使い勝手や問題点などが理解されていないと同様の過ちを繰り返す原因となります．こうした補修・補強方法に対する情報をデータベース化し，共有することもライフサイクルマネジメントを行ううえで有効になります．

3-5-6　長寿命化技術の開発

長寿命化技術には様々なものがあり，構造物の設置環境，劣化要因，現場の状況，材料の調達可能性やコストなど様々な事項を考慮して選定することが重要です．特に，その材料については，ある特定の条件においてのみ有効であるものもあり，必ず諸条件を確認して効果が発揮されるかどうかを確認しておく必要があります．また，当該技術を適用した場合に継続してモニタリングを行った方がよい場合もあり，長寿命化技術の信頼性も含めて長期に見守っていくことも重要です．

3-6　ライフサイクルマネジメントを実践するうえでの留意点

ライフサイクルマネジメントを導入して橋を長持ちさせるうえでの留意点として，**図1-3-5**に示される点を理解しておくことが重要です．

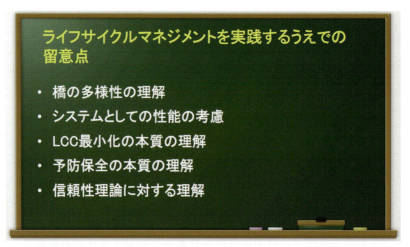

図1-3-5　ライフサイクルマネジメントを実践するうえでの留意点

3-6-1　橋の多様性の理解

橋はその材料，構造形式，役割や重要度，置かれている環境等を考えると，極めて多様な構造物と言えます．例えば，日平均交通量が10万台を超える都市内高速道路橋と，地域の集落に通じる1本道に架かる橋ではその役割が全く異なりますが，人々の暮らしを支えるという点で

はどちらも重要です．このように目的も役割も大きく異なる橋を画一的にメンテナンスすることは現実的ではありません．また，交通量や安易なコスト評価だけで，地域の橋を切り捨てることも理知的とは言えません．それぞれの橋に合ったメンテナンスのあり方を徹底的に究明することこそが肝要なのです．

　橋のメンテナンスに関する技術や技術者のレベルも千差万別です．高速道路橋や長大橋のような重要構造物を維持管理するために，ビッグデータを扱い，最先端のセンシング技術などを駆使する高度な技術者もいれば，地域の名もない橋を長持ちさせるために従事する人もいます．医療の分野でもiPS細胞に代表される再生医療のような最先端の研究領域もあれば，病気にかからないための予防医療を究明する分野もまた存在します．このように，メンテナンス技術にはハイテク（高度な技術）とローテク（簡易な技術）の両方があって，どちらも重要であり，適材適所に使い分けることで世の中全体を俯瞰し，バランスを保つことができるのです．すべての橋を平等に扱い，メンテナンスしようとするのではなく，高度な技術によって何としても延命化を果たす必要のあるものもあれば，ローテクを駆使して予算をかけずになんとか長持ちさせるものもあって然るべきです．つまり，橋のメンテナンスは，その目的，役割，重要度，置かれている環境とそれに応じた作用，構造物の状態（健全度），構造物管理者の実状（技術力，財政力）などに応じ，決して画一的ではない，メリハリの効いたメンテナンス，身の丈に合ったメンテナンスを展開する必要があります．

3-6-2　システムとしての性能の考慮

　性能評価という視点でいくと，部材の安全性ばかりに目が行き，俯瞰してとらえることのできる技術者が少ないように思われます．部材ごとではなくシステムとしての性能の最適化が必要です．例えば床版－防水層―舗装の三位一体による性能確保の例を考えてみましょう．

　床版では，床版内部のひび割れへの水分の浸入と輪走行によるこすり合わせによって著しく耐疲労性が低下することが知られています．床版内への水分の浸入は床版のみで対応するものではなく，表面防水層とその上の舗装の三者で一体となり抵抗すべきものです．また，床版上面の平坦性（不陸）に関する施工精度や，表面防水層および舗装の施工の良否により，想定以上の早さで表面防水層および舗装が劣化し，そのことが床版の耐疲労性に影響を及ぼすおそれがあるため，床版，表面防水層，舗装の三者をシステムととらえ，個々に要求される性能を明確にしたうえで，総合的な対策を講じる必要があります．

　その際，これらの概念を具現化するための適切な施工が不可欠となります．例えば，付属物を含む舗装には積極的に排水機能を持たせ，表面防水層には性能の高い防水機能を付与するとともに，床版上面の施工精度を許容値以下に抑えることにより，床版内部への水の浸入をトータルで防ぐ対策が可能となります．なお，表面防水層は種々の要因で劣化，損傷する可能性があり，かつ，舗装の打換えの際にはぎ取られる可能性があるため，そのことを想定した対策が必要となります．

3-6-3 LCC最小化の本質の理解

マネジメントを行う際には本来，性能とコストの両面から考える必要があります．しかしながら，近年のマネジメントの姿をみると，コストに偏重したマネジメントが横行している印象を受けます．ライフサイクルコストの最小化（LCC minimum）と言えば聞こえはよいですが，実はコストを削ることで，知らないうちに安全性（安全裕度）も削っていて，中には要求性能を下回ってしまう例も見受けられます．構造工学的視点でみれば，コストだけではなく，ライフサイクルにわたる（構造）性能の最適化を目指すことが重要です．すなわち性能に基づくライフサイクルマネジメント（Performance-based Life Cycle Management）こそが要諦なのです．そのためには適切に性能評価を行うことが必要となります．

性能評価の基本は作用と応答の関係を整理することにあります．例えば地震のような力学的

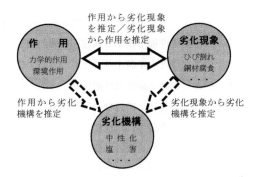

図1-3-6　作用・劣化現象・劣化機構の三者関係[8]

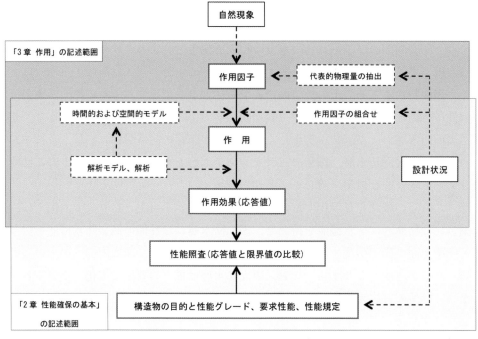

図1-3-7　作用と応答の関係[10]

作用であれば，変形やこれに伴う破壊などが応答になり，海からの飛来塩分などの環境作用であれば，これに伴う劣化（ひび割れや鋼材腐食）などの現象が応答となります．2018年制定コンクリート標準示方書［維持管理編］[8]では作用と応答（現象）の関係を図1-3-6で表しています．さらに，2016年制定 土木構造物共通示方書 性能・作用編[10]では，性能評価の枠組みを図1-3-7で表しています．

3-6-4 予防保全の本質の理解

予防保全という概念を誤解している技術者も多く見受けられます．予防保全とは，「構造物の劣化が顕在化しないうちに予防的な処置を施すこと」で，それ自体，とても大切なことですが，何でも予防保全することで，コストミニマムになると誤解している人が多く見受けられます．予防保全をすれば何でも安くなるのではなく，何もしないことが一番安くなるのです．予防保全が必要なもの，事後保全でよいもの，何もしなくてもよいものの見極めが重要です．

また，予防保全というと，劣化因子が侵入しにくいように表面保護工を施す，有害なひび割れが発生したら樹脂で注入する，コンクリートの劣化部分を取り除きポリマーセメントモルタルで断面修復を行う，塩害による鋼材腐食が進まないように電気防食を行うなどが挙げられますが，これらは高度な医療に相当する予防保全です．一方，橋の多くは水の作用により劣化するため，水に着目した予防保全を行うことが重要です．例えば水切りを設置・改良したり，排水管の向きや長さを調節したり，さらには排水ますや橋面に堆積している土砂を撤去するなども立派な予防保全です．

このように，予防保全によりすべての性能を新設時の状態あるいはそれ以上に戻す必要はありません．劣化の速度を緩やかにして，予定の供用年数を満足させることができれば，必要以上にコストをかけずに目的を達成させることが可能になるのです．予防保全を行うことで，橋を長く使い続けられるというイメージがあるかもしれませんが，もちろんすべての橋に予防保全を適用することはコスト的にも無理があるし，予防保全がきちんと機能するためには，想定される劣化を明確化する技術や予防保全手法の信頼性などまだまだ課題もあります．多くの構造物においては，事後保全で対応することが現実的であり，予防保全ばかりに頼ろうとするのは，逆にコストが高くなったり，対策手法の信頼性から問題が生じたりする場合もあり得ます．よって，それぞれの橋に合った対策や対応を考え，構造物群として総合的に考えることも重要です．

3-6-5 信頼性理論に対する理解

橋は供用期間中に様々な作用を受け，その作用に耐える必要があります．既設の橋の点検・検査は，極端に言うとこのまま橋を使い続けることができるか，補修・補強を行ったほうがよいのか等を判断するために行われており，その判断を行うためには，橋に対する作用の影響と橋が現在耐えられる力とを比較する必要があります．

仮に，橋に対する作用の影響が完全に分かっており，橋が耐えられる力も正確な値（真値）と

して評価できるのであれば，このまま橋を使い続けることができるか，補修・補強を行ったほうがよいのかは容易に判断できます．

しかしながら，我々は，橋に対する作用の影響を完全に分かっているわけではありません．風作用を例にすると，橋の供用期間中に受ける最大風速はどの程度か，その風速によって橋はどのような力を受けるか，その力によって橋がどのような応力状態になるかは，気象統計や実験・計測，数値解析等によって確からしいものとして評価していますが，どうしても除去できない不確定性が存在します．

また，橋が耐えられる力も真値の確定値として評価することは困難です．鉄筋コンクリート部材を例にすると，鉄筋の降伏強度や引張強度は製品ごとに差がありますし，複合材料であるコンクリートの強度は同じ部材内であっても場所ごとに差があるほどのバラツキがあります．また，これら材料強度の不確定性のほかに耐力算定式の算定上の仮定や実験結果からの推定による不確定性もあり，橋が耐えられる力の評価においてもどうしても除去できない不確定性が存在します．

新設構造物の設計や既設構造物の性能評価では，上記の不確定性は安全側の処置として，作用の影響は十分大きめの，耐えられる力は十分小さめの確定値として評価され，その大小によって合否の判断がなされます．しかしながら，安全側の処置として確定値を設定したときに，上記の不確定性の情報が欠落するため，特に既設構造物の性能評価において，合否判定結果が過度に安全側の評価ではないか，もう少し緩和できるのではないかといった議論が生じたり，異なる構造物の性能比較といった場合に，構造物ごとで安全裕度の考え方が異なるので，照査値だけでの単純比較ができないといった不都合が生じたりします．

信頼性理論は，構造物への作用の影響と構造物の耐えられる力の比較を行うことは共通ですが，作用の影響を S，耐えられる力を R といった確率変数として与えることで，それぞれの不確定性も含んだ形で比較計算を進めることができます[11),12)]．図1-3-8は信頼性理論の概念図です．図1-3-8の左側は作用側 S を，右側は耐力側 R を表しており，それぞれの不確定性の大きさは分布形状の裾野の広がりで表現されます．通常，構造物は供用期間中の様々な作用に耐えられるようその仕様が定められるため，図1-3-8においてほとんどの場合で $R-S>0$ であり，$R-S<0$ となる確率（限界状態超過確率または破壊確率と称します）は非常に小さな値となります．

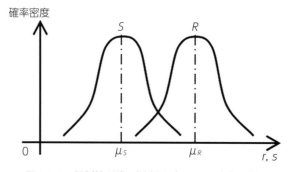

図1-3-8　信頼性理論の概念図（R と S の確率分布）

以上の信頼性理論は，前述した確定値による大小比較と比べてやや煩雑ではありますが，限界状態超過確率は，構造物の安全裕度が大きいほど小さな値となるため，構造物の性能評価や異なる構造物の性能比較といった用途に非常に有効な指標となります．橋を長持ちさせるためには，供用中の橋の性能を定量的に評価することが不可欠です．信頼性理論はその有効な評価技術と言えます．

〔参　考　文　献〕
1) 土木学会メインテナンス工学連合小委員会：社会基盤メインテナンス工学，東京大学出版会，2004．
2) 土木学会：構造工学シリーズ23　土木構造物のライフサイクルマネジメント～方法論と実例，ガイドライン～，p.1～4，2013．
3) 道路構造物の今後の管理・更新等のあり方に関する検討委員会：道路構造物の今後の管理・更新等のあり方 提言，国土交通省道路局，2003．
4) 土木学会：アセットマネジメント導入への挑戦～新たな社会資本マネジメントシステムの構築に向けて～，技報堂出版，2005．
5) 土木学会：構造工学シリーズ23　土木構造物のライフサイクルマネジメント～方法論と実例，ガイドライン～，p.1～3，2013．
6) 土木学会：2012年制定コンクリート標準示方書［基本原則編］，2013．
7) http://www.jst.go.jp/sip/k07.html，戦略的イノベーション創造プログラム インフラ維持管理・更新・マネジメント技術（2018年9月17日確認）
8) 土木学会：2018年制定 コンクリート標準示方書【維持管理編】，2018．
9) 国土交通省道路局国道・防災課：橋梁定期点検要領，2014.6．
10) 土木学会：2016年制定 土木構造物共通示方書 性能・作用編，2016．
11) 土木学会：構造工学シリーズ28　信頼性設計法に基づく土木構造物の性能照査ガイドライン，2018．
12) 本城勇介，大竹雄：信頼性設計法と性能設計の理念と実際，技報堂出版，2018．

耐震補強と維持管理

秋山　充良

　構造物の耐震設計基準は，耐震基準が制定された当時の技術と知見に基づき，設計地震動の大きさと具備すべき耐震性能が規定されてきました．これまでに，設計地震動を上回る作用を受けて構造物が損傷あるいは倒壊することを何度か経験し，その原因の検証・分析と新たに利用可能となった技術を取り入れる形で，耐震設計基準の改訂はなされています．これは，中性化や塩害などによるかぶりコンクリートの剥落や鉄筋腐食の実態を踏まえ，かぶりを大きくしたり，水セメント比を小さくしたりする規定を設けてきた耐久性の基準整備と同じプロセスと言えるでしょう．一般に，改訂されるたびに考慮する地震動のレベル，および構造物や部材に要求する耐震性能のレベルは高く設定されています．特に，1995年に発生した兵庫県南部地震では，大きな被害が生じ，多くのインフラが損傷あるいは倒壊しました．これに対応するため，各種の耐震設計基準において設計地震動のレベルが大幅に引き上げられています．

　構造物が設計された後に耐震基準が見直された場合には，その構造物は最新の耐震設計基準で要求されている耐震性能を満足しないことが通常です．また，南海トラフ地震や首都直下地震など，近い将来に極めて大きな地震を発生させる可能性のある断層やその強震動予測に関する研究が進められており，地域によっては，構造物を設計したときの設計地震動レベルを上回る地震動が作用する可能性が明らかとなる場合もあり得ます．既存構造物の耐震補強は，このような耐震設計基準の見直しや，あるいは設計時に想定していなかった地震動を考慮する場合に，その要否が検討されることになります．

　2012年の中央自動車道笹子トンネル事故以降，道路構造物を中心に，インフラの劣化対策が鋭意進められておりますが，経年劣化により構造物の性能が竣工直後の状態に比べて大きく損なわれていなければ問題がないものとして扱われるきらいがないでしょうか？　インフラの高齢化から，劣化対策に努めることは，当然，必要であり，重要なことではありますが，世界第一級の地震国である我が国においては，材料劣化が生じていなくても，そもそも構造物の性能が低い場合には，現在の知見に照らし，補強を進めていかなければならないのは言うまでもないことです．「構造物の性能の現状を定期的に確認するとともにその将来も予測し，予定供用（残存）期間中に要求性能を満足しなくなる状況が考えられる場合には，性能の回復あるいは保持のための対策を講じる一連の行為」と維持管理を定義するならば，耐震補強の要否の判断は維持管理における極めて重要な行為の一つです．対象構造物の重要性と供用（残存）期間を踏まえ，要求性能を満足しなくなるトリガーは何かを見極め，与えられた予算の中での最適解を提示しようとする検討が維持管理における一途最初の行為になって欲しいと思うところです．

　このように書いてきますと，耐震と劣化の問題は個別に検討される印象を与えてしまい

ますが，昨今は，耐震と劣化の問題が複合する例も見られています．**写真-1**の構造物は，2011年東北地方太平洋沖地震後の地震・津波被害調査において筆者が撮影したものです．鋼構造やコンクリート構造の幾つかにおいて，海洋からの塩分の飛来や凍結防止剤により，材料劣化が引き起こされていました．鋼材や鉄筋腐食により構造物の耐震性は大きく損なわれるため，点検においては構造物の地震時の変形をイメージし，地震時に損傷することを意図した犠牲部材については特に材料的な変状を見逃さないようにしたいものです．

　一方，劣化メカニズムの理解が進んでいるのは主に鋼とコンクリートです．2011年東北地方太平洋沖地震では，免震橋梁の一部において，供用後に生じたゴム材料の劣化が免震支承の耐震性能を低下させ，免震支承の損傷を大きくした可能性が指摘されています．一般的な建設材料であるコンクリートや鋼に比べて，免震・制振装置の長期性能についての知見は不十分な状況にあります．

写真-1　2011年東北地方太平洋沖地震後の被災調査中に観察された材料劣化

写真-2　制振装置の耐久性確保のための配慮の例

写真-2は，国道6号に掛かる橋梁の耐震補強として設置されたダンパーと，それを避けるように排水管を切り回した様子です．耐震補強では，新設構造物に後付けで免震や制振装置を置くことがあります．そのような場合に，水掛かりや雨掛かりを避けるなど，長期性能を確保するための配慮が欠かせません．加えて，新たに設置する免震や制震装置，RCや鋼板巻き立て部，あるいは液状化対策などで改良された地盤の長期性能についての研究をより一層，進める必要があります．免震や制振装置は，将来的な劣化の変状に備え，一般には，取り換え可能なように施工されています．しかし，実際には，どのような状態になったら取り換えなければならないのかの基準が不明確なため，結果としてそれらは使い続けられることになり，強震動を受け，想定通りの機能を果たせなかったときにはじめて，劣化が生じていたことを知る状況になっていないだろうかと危惧しています．現在の技術レベルにおいて，外観的に劣化の変状を把握することが難しく，長期性能の担保ができないものは，性能の劣化に関する知見が得られるまで，定期的な取替とそれを用いての性能確認の実験が必要ではないかと思うところです．残存供用期間内のどこで地震作用を受けるとしても，耐震補強時に期待した性能が確実に発揮されるような維持管理が必要であるのは言うまでもありません．

私の思い出の橋

▶コンフェデレーション橋（Confederation Bridge）

　この橋は，2003〜2004年に文科省在外研究員としてカナダのオタワ大学に1年間滞在していた際に出会った橋です．ノーサンバーランド海峡を横断し，カナダ本土（ニューブランズウィック州とプリンス・エドワード島（『赤毛のアン』の舞台）を結ぶ橋で，1997年に完成しています．全長12.9km，2車線道路橋で44のスパンのポストテンションPCのボックスガーダー橋で，冬に海面が凍結する地域では世界でも最長の橋と言われています．湾曲しており，多くの部分は海面上40mの高さですが，一部は船舶交通のために高さ60mになっています．特徴の一つに，橋脚の水面近くにあるアイスシールドと呼ばれる部分があり，冬季に海面が凍結した場合に氷が橋脚に及ぼす圧力を逃がす作用があるということです．多くの人に支えられ，家族と共に過ごした海外での生活の思い出のひとつです．

（鶴田　浩章）

　形　式　PCボックスガーダ橋
　橋　長　12.9km
　所在地　カナダ
　竣工年　1997年

第I編　メンテナンスに必要な構造工学

第4章
はりとは

4-1　はりを考えるために大切なこと
　4-1-1　はりの力学的な位置づけ
　4-1-2　はりの支え方と分類
　4-1-3　はりに働く力
　4-1-4　自由物体の考え方とつり合い条件　〜はりを解くために〜
4-2　はりの支点反力
　4-2-1　単純ばり
　4-2-2　片持ちばり
　4-2-3　張出しばり
　4-2-4　ゲルバーばり
4-3　様々な荷重を受ける単純ばりの断面力図
　4-3-1　断面力図とは
　4-3-2　集中荷重
　4-3-3　等分布荷重
　4-3-4　モーメント荷重を受ける単純ばりの断面力図
4-4　単純ばりの影響線
　4-4-1　反力と断面力の影響線
　4-4-2　影響線の使い方
4-5　連続ばり
4-6　はりに生じる応力とひずみ
　4-6-1　はりに生じる応力
　4-6-2　軸力Nによって生じる応力とひずみ
　4-6-3　平均せん断応力とせん断ひずみ
　4-6-4　曲げモーメントによって生じる応力とひずみ
コラム
私の思い出の橋

本章では，実際の骨組構造部材の中で最も多く用いられるはり部材について，力学的な視点からメンテナンスを考える際に押さえておいて欲しい基本的なはりの性質について解説します．

4-1　はりを考えるために大切なこと

4-1-1　はりの力学的な位置づけ

構造物は，様々な形からなる部材によって構成されています．例えば，石橋やレンガ造では，圧縮力に強い材料を3次元のブロック状（塊）として扱い，それらをうまく積み上げることで橋や壁などの構造物とします．また，断面の厚さが平面寸法に比べて十分小さく平面としての2次元的な広がりを有する部材は「板（曲面の場合はシェル）」と呼ばれ，橋桁を構成するフランジやウェブ，橋梁の床版，大空間建築物の屋根などに用いられます．

一方，普段の生活の中で目にする構造物には，棒状（断面の幅や高さに比べて長さが大きい）の部材が最も多く使われていることに気付くのではないでしょうか．これらの棒状の部材（骨組部材）を主構造に用いた構造形式を骨組構造と呼びます．骨組部材は1次元（線）の部材と見なすことができますが，部材に加わる力（外力）や部材断面が設計上耐えなければならない力（内力）の種類によって，柱，はり，はり柱，トラス，ケーブルなどと呼ばれ，それぞれ計算上の取扱いが違うことに注意しなければなりません．つまり，「トラス（圧縮力＋引張力）」「柱（圧縮力のみ）」「ケーブル（引張力のみ）」は，主として部材の軸方向に加わる圧縮力や引張力（軸力）に対して抵抗する部材であり，「はり」は主に部材軸直角方向から加わる外力によって生じる曲げモーメントとせん断力に対して抵抗する部材と位置づけられます．

水平方向の地震力を受ける柱やプレストレスを受ける橋桁などの部材については，上記の観点から，柱とはりの両方の性質を持っているため，「はり柱」と呼ばれることがあります．

4-1-2　はりの支え方と分類

構造物を安定に支え，それぞれの部材に働く力を地盤や他の構造部材にきちんと伝えるためには，支え方がとても重要です．構造物を支える部分のことを支点と呼び，はりの支点は，それぞれの役割に応じてローラ支点，ヒンジ支点，固定支点の3つに分類されます．特に，1本のはりの両端をローラ支点とヒンジ支点で支えたはりのことを単純はり（図1-4-1（a））と言い，はりの力学を学ぶうえで，最も基本的な支持形式です．

ヒンジ支点とローラ支点は，どちらもはりの変形に対して回転できるようになっています（図1-4-1（b））が，はりの軸方向（水平方向）に移動できるか否かが違います．ローラ支点では，その名のとおり支点全体がスケートボードのようなローラ上に載っているため，はりの変形にともなって水平方向に移動できるようになっています．しかし，ヒンジ支点ではアンカーボルト等によって強固に設置されているため，水平方向に移動できません．このことから，ヒンジ支点には，水平方向（H）と鉛直方向（V）の2つの反力が発生し，ローラ支点では鉛直方向の反力

（V）のみが生じます．したがって，図1-4-1（c）に示すように，単純ばり全体としての反力の数は3つになります．

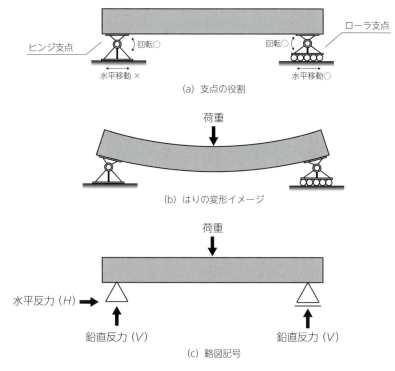

図1-4-1 ローラ支点とヒンジ支点（単純ばり）

写真1-4-1 ローラ支点の例

　固定支点とは，図1-4-2（a）のようにはりの端部を壁や他の部材に埋め込む等の方法によって，水平移動，回転ともに固定した支持形式のことです．特に，固定端と反対側のはり端部を自由にしたものを片持ちばりと呼びます．固定支点では，水平移動だけでなく回転も完全に固定されるため，荷重によってはり全体が変形した後も，固定端では変形前と同じ角度（図では直

角）を保っていることが大きな特徴です（**図1-4-2（b）**）．片持ちばりは，1つの固定支点で水平移動，鉛直移動，回転をすべて支えるため，反力の数としては単純ばりと同じく3つとなります．しかし，水平反力（H），鉛直反力（V）だけでなく，はりの回転に抵抗するための反力モーメント（M）が固定支点には発生することに注意してください（**図1-4-2（c）**）．

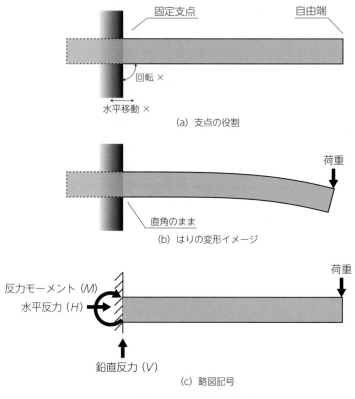

図1-4-2　固定支点（片持ちばり）

　はりの支え方としては上に述べた3つですが，はり同士をつなぐ際には中間ヒンジが用いられます．中間ヒンジは，蝶番のようにはりの中間に設けられる連結部材であり，はりを曲げたり回転させようとするモーメントに対しては抵抗しません（モーメントを伝達しません）が，はりの軸方向に働く力（軸力）と垂直の方向に働く力（せん断力）は伝達されます．**図1-4-3（a）**は，橋桁に中間ヒンジを設けた一例です．互いのはりの端部を掛け違い状に製作し，その間にヒンジを設けてはりの回転を許容しています（**図1-4-3（b）**）．しかし，ヒンジ部が分離することはないので，軸力とせん断力が互いのはりに伝達されることがイメージできます．**写真1-4-2**は，歩道橋の橋桁に設けられた中間ヒンジの一例です．

　はりの支え方や支点に生じる反力の数に着目して，はりを分類すると**図1-4-4**のようになります．構造物としてはりを使用する場合には，必ず安定ばりとして機能するように支える必要があり，そのためにははり全体が静止している（つり合っている）ことが物理的な条件になります．図中に示したように，両端がローラ支点では，少しでも水平方向に力が働くと，はり全体がス

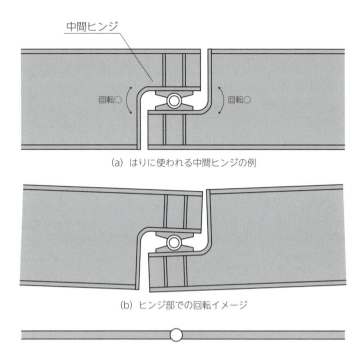

図1-4-3　中間ヒンジ

写真1-4-2　中間ヒンジ（歩道橋）

ケートボードのように運動し始めるため，不安定なはりと言えます．言い換えれば，安定ばりとして機能するためには，少なくとも反力の数が3つ以上必要であり，物体のつり合い3条件（水平方向に運動しないこと，鉛直方向に運動しないこと，回転しないこと）を満足している必要があります．

　安定ばりの中には，つり合い条件を必要最小限に満足しているものと，必要以上に満足しているものがあります．前者は静定ばりと呼ばれ，はりに生じる反力の数とつり合い条件の数（3つ）が同じなので，反力やはりの内部に生じる力（これを断面力と呼ぶ）をつり合い条件式だけで求めることができます．後者は不静定ばりと呼ばれ，4つ以上の反力をすべて求めるためには，つり合い3条件のほかに，変形やエネルギーに関する適合条件式を別途追加して解く必要があります．

　ゲルバーばりの反力の数について補足しておきましょう．図1-4-4の例では反力の数は4つになっていますが，中間ヒンジは水平方向の力（軸力）と鉛直方向の力（せん断力）のみ伝える性質（ヒンジ支点と同じ役割）を持っているので，中間ヒンジ部で2つの静定ばり（この例では単純ばりと一端張

出しばり）に分けて考えることができます．このように，ゲルバーばりは中間ヒンジ部で幾つかの静定ばりに分けて考えることができるため，はり全体としても静定ばりに分類されるのです．

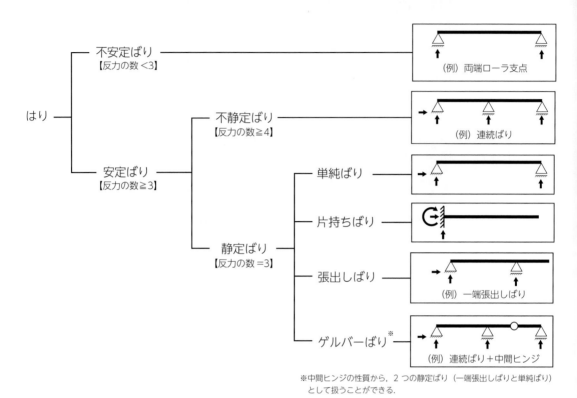

図1-4-4　支え方の違いによるはりの分類

4-1-3　はりに働く力

はりに働く力は，まず外力と内力に分類されます（**図1-4-5**）．外力とは，はりの外部から作用する力のことであり，はりの上に載る車・人・積載物の重さ，地震力，車両の通行にともなう衝撃力などがその一例です．ここで，はりそのものの重さ（自重）については，はり全体に分

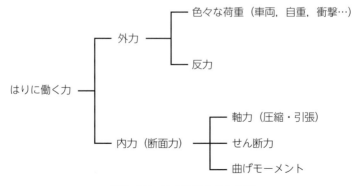

図1-4-5　はりに働く力の分類

布する荷重（分布荷重）として扱い，これも外力に分類されます．また，支点に発生する反力も，外力として扱います．

内力とは，外力の作用を受けてはりの内部に生じる力のことです．はりに生じる内力は断面力と呼ばれ，軸力 N，せん断力 Q，曲げモーメント M という2つの力と1つのモーメントで表すことができます．図1-4-6（a）では，単純ばりに2つの集中荷重と等分布荷重が作用し，3つの反力が生じています．1本のはりに加わるこれら6つの力はすべて外力です．

次に，このはりの任意の断面 i に生じる力を表したものが図1-4-6（b）です．この図では，断面 i で仮想的に切断し，切断面に生じている3つの断面力 (N, Q, M) を書き加えています．これらの断面力は，切断面を境にして同じ大きさで互いに逆方向を向いていることに気づきますが，これは作用反作用の法則に従うためです．

複数の外力が作用したとしても，内力ははりの断面に対して垂直に生じる成分（軸力 N）と平行に生じる成分（せん断力 Q），そして断面を回転させようとする成分（モーメント成分 M）の3つの成分で表すことができます．はりの変形の観点から考えると，軸力ははりを伸ばす（または縮める）方向に変形させ，せん断力ははりの断面を垂直方向にずらそうとする変形，モーメント M ははり全体の曲げ変形を生じさせる成分（曲げモーメントとも呼ばれる理由）であることが分かります．これら3つの断面力によって，はりに応力とひずみが発生します．

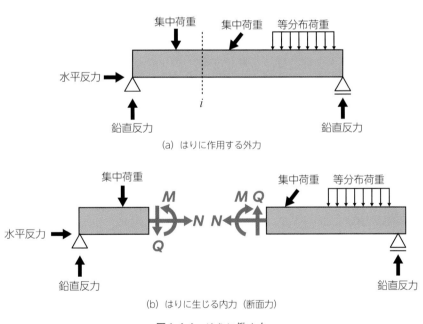

図1-4-6　はりに働く力

はりの断面力を考える際に，N, Q, M の符号は非常に大切です．図1-4-6（b）に示した断面力 N, Q, M の矢印は，それぞれ正（＋）の方向を表しています．断面力の符号の定義は，以下のとおりですので，図1-4-7のイメージ図と併せて覚えておきましょう．

第I編　メンテナンスに必要な構造工学

> 軸力 N　　　　　：断面を引っ張る方向（引張力）を正とします．
> せん断力 Q　　　：はりの断面を右下がり（または左上がり）にする方向を正とします．
> 曲げモーメント M：はりが下に凸になるように曲がる方向を正とします．
> 　　　　　　　　　（はりの下側が引張，上側が圧縮になる方向が正と覚えても可）

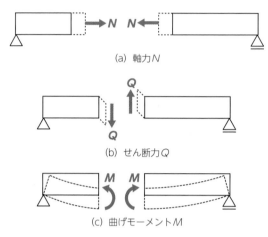

図1-4-7　断面力の符号（＋の向き）と変形イメージ

4-1-4　自由物体の考え方とつり合い条件　～はりを解くために～

　実際のはり部材は，高さや幅を持っていますが，はりの重さ（自重）は外力として扱いますので，通常，はりの部材軸には重さがないものと考えて，はりそのものを1本の線で表します．また，はりに作用する荷重はもちろん，はりの支え方も外力として表現できます．このように，実際のはり部材を空中に浮かぶ1本の線（自由物体）として抽象化し，そこに外力を描き加えた図を，はりの自由物体図といいます．実際には複雑な外力やはりの支え方を，適切な力に置き換えることで自由物体図を描き，簡単なモデルとして考えることは，反力や断面力などの「未知の力」を計算で求める際にとても重要な概念です．例えば，図1-4-6（a）のはりの自由物体図を描くと図1-4-8のようになります．

　図中，矢印で表している力を集中荷重といい，例えば橋を通行する自動車の重さがタイヤと道路とのわずかな接触面を介して構造物に伝わるように，構造物全体からみると「点」に作用していると考えてよい荷重のことです．これに対して，部材の自重や積雪などのように，はりの軸方向に，ある程度の長さをもって分布する荷重を分布荷重と呼び，矢印の集合体で表します．静水圧や土圧は，深さに応じて圧力が大きくなるので，三角形分布荷重として扱われます．

　集中荷重の大きさは，力の単位N（ニュートン）そのもので表すのに対して，分布荷重の大きさは単位長さ（1m）あたりに作用する荷重（荷重強度）に換算して表し，例えばN/mのように表記します．床版などの板部材では，奥行きがありますので，分布荷重をN/m^2のような単位面積（＝単位長さ×単位奥行き）あたりに作用する荷重の大きさとして表記することもあります．

一方,点に作用する力があれば,点に作用するモーメント(物体を回転させようとする作用)もあります.これを集中モーメント(またはモーメント荷重)といい,図1-4-9に示す片持ちばりの自由物体図の中で,はりの左端(A点)に作用しているモーメント反力M_Aがこれに該当します.モーメントは力×距離の次元を持っているので,単位としてはN・mのように表記されます.

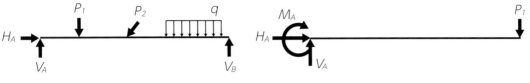

図1-4-8　単純ばりの自由物体図　　　　図1-4-9　片持ちばりの自由物体図

さて,次節4-2～4-3では,はりに作用する既知の荷重から未知の反力や断面力を計算する方法について説明しますが,その前に4-1-2でも触れた「力のつり合い条件」をしっかり理解しておかなくてはなりません.

図1-4-8,9に例示した自由物体は,荷重や反力といった複数の外力の作用を受けた結果,静止しています.これは,構造物全体または部材が様々な荷重を受けても運動せず,安定していることと同じです.静止しているということは,はりに作用している外力の合計(合力)がゼロであることを意味しており,はりが静止状態を保つように外力が作用しているとも考えられます.このようなはりの状態をつり合い状態といいます.物体の運動は,並進運動と回転運動に分けられますので,自由物体が静止状態を保つ条件(つり合い条件)は,作用する外力の水平方向成分の和がゼロ,鉛直方向成分の和がゼロ,任意の点まわりのモーメントの和がゼロという3つの条件を満たしていることになります.

【力のつり合い3条件】

① 自由物体に作用する力の水平方向成分の和がゼロ(水平方向に並進運動しない)
$$\sum H_i = 0$$

② 自由物体に作用する力の鉛直方向成分の和がゼロ(鉛直方向に並進運動しない)
$$\sum V_i = 0$$

③ 物体に作用する力による任意の点Oまわりのモーメントの和がゼロ(回転運動しない)
$$\sum M_{i(O)} = 0$$

なお,つり合い条件式を用いてはりを解く(反力や断面力を求める)際には,①～③に従って,右辺がゼロになるよう計算式を立てることがポイントです.

図1-4-6に例示した単純ばりの自由物体図とつり合い状態の考え方を図1-4-10にまとめています.まず,はり全体としてつり合っている状態を考えると,自由物体図につり合い3条件を

第I編　メンテナンスに必要な構造工学

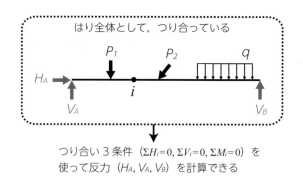

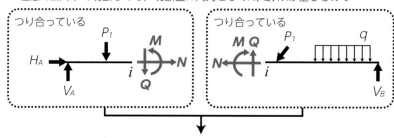

図1-4-10　自由物体図とつり合い条件

適用すれば，静定ばり（未知の反力3つ）に対して条件式が3つなので，反力 H_A, V_A, V_B をすべて求めることができます．次に，断面力を求めたい点ではりを仮想的に切断した状態を考えますが，切断面に未知の断面力（N, Q, M）を作用させます．そうすることで，切断した左半分と右半分のはりが独立してそれぞれつり合います．このとき，断面力の矢印は**図1-4-7**に示した正（＋）の方向を仮定しましょう．最後に，切断された2つの自由物体図のいずれか片方につり合い3条件を適用すると，断面力（N, Q, M）をすべて求めることができます．もちろん，左右2つの自由物体図から求めた断面力の大きさや符号は一致するはずです．

4-2　はりの支点反力

4-2-1　単純ばり

　単純ばりとは，はりの両端をローラ支点とヒンジ支点で支えられたはりのことです．自由物体とつり合い条件の考え方を使って，**図1-4-11（a）**の単純ばりについて，支点A，Bに生じる反力を計算してみましょう．4-1-2で述べたとおり，単純ばりの支点反力の数は3つ（H_A, V_A, V_B）で，はり全体の自由物体図は**図1-4-11（b）**のように描けます．反力の向きには符号の定義はありませんので，自由物体図で仮定する反力の向きは自由に決めて構いません．ここでは，右向き，上向き，時計回りを正としておきます．

66

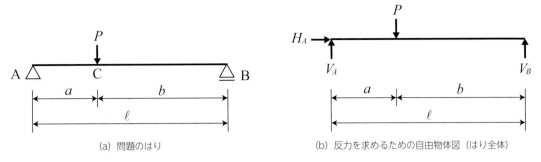

(a) 問題のはり　　　　　　　　　　　　(b) 反力を求めるための自由物体図（はり全体）

図1-4-11　集中荷重を受ける単純ばり

図1-4-11（b）の自由物体図に対して3つのつり合い条件式を適用すると，

$\Sigma H=0$ より，$H_A=0$

$\Sigma V=0$ より，$V_A+V_B-P=0$

$\Sigma M_{(B)}=0$（B点まわりのモーメントのつり合い）より，$V_A \cdot \ell - P \cdot b = 0$

となりますので，これらの方程式を解くと支点反力はそれぞれ，

$$\begin{bmatrix} H_A=0 \\ V_A=Pb/\ell \\ V_B=Pa/\ell \end{bmatrix}$$

と求められます．

次に，図1-4-12（a）のように分布荷重を受ける単純ばりの反力を求めてみましょう．はりそのものの重さを外力として想定する場合，この図のように単位長さあたりのはりの重さ q [kN/m]（荷重強度）を求め，はりの断面積や材料が軸方向に変わらなければ，同じ大きさの q をはり全体に作用させて考えます（等分布荷重）．このときの自由物体図は図1-4-12（b）のように描けます．

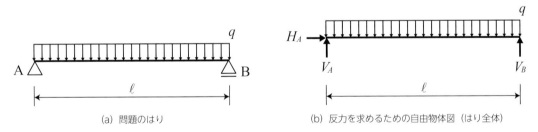

(a) 問題のはり　　　　　　　　　　　　(b) 反力を求めるための自由物体図（はり全体）

図1-4-12　等分布荷重を受ける単純ばり

自由物体図までは集中荷重と変わりませんが，分布荷重は自由物体のつり合いを考えるときに，分布荷重の合力と同じ大きさを持った集中荷重として取り扱うことができます（図1-4-13）．このとき，分布荷重の合力はその面積，作用位置は図心位置となります．このことから，この問題では等分布荷重がはり全体に作用していますので，その面積（$q \cdot \ell$）に相当する大きさの集中荷重がスパン中央に作用すると置き換えて，つり合い条件式を適用します．

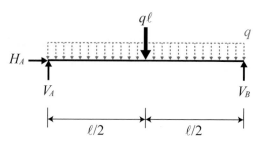

図1-4-13 集中荷重への置換え（等分布荷重）

$\Sigma H = 0$ より，$H_A = 0$

$\Sigma V = 0$ より，$V_A + V_B - q\ell = 0$

$\Sigma M_{(A)} = 0$（A点まわりのモーメントのつり合い）より，$q\ell \cdot \ell/2 - V_B \cdot \ell = 0$

となり，これらの方程式を解くと支点反力は，

$$\begin{cases} H_A = 0 \\ V_A = V_B = q\ell/2 \end{cases}$$

と求められます．

4-2-2 片持ちばり

　先端に集中荷重を受ける片持ちばり（**図1-4-14（a）**）の支点反力を求めます．単純ばりと同じ静定構造ですが，はりの移動と回転を1点で拘束するため，3つの支点反力は固定端A点のみに発生し，自由端のB点に反力は生じません．また，支点反力の1つはモーメント反力M_Aになることを忘れないでください．この片持ちばりの自由物体図は図1-4-14（b）のようになります．

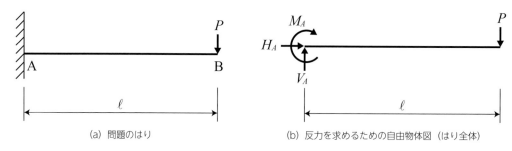

(a) 問題のはり　　　　　　　　　(b) 反力を求めるための自由物体図（はり全体）

図1-4-14 集中荷重を受ける片持ちばり

　この自由物体図につり合い条件式を適用します．

$\Sigma H = 0$ より，$H_A = 0$

$\Sigma V = 0$ より，$V_A - P = 0$

$\Sigma M_{(A)} = 0$（A点まわりのモーメントのつり合い）より，$M_A + P \cdot \ell = 0$

となります．ここで，モーメント反力M_Aは，点に作用する集中モーメントであり，車のハンドルを切るような一対の偶力によって純粋な回転を生じさせるモーメントです．そのため，集

中モーメントの作用点と$\Sigma M=0$を考えるときのモーメント中心が離れていても，回転作用は伝達されます．したがって，モーメントのつり合いをB点で考えたい場合には，

$\Sigma M_{(B)}=0$ より，$M_A+V_A \cdot \ell =0$

となります．もちろん，どちらの式で計算しても結果は変わりません．

これらの方程式を解くと支点反力は，

$$\begin{cases} H_A=0 \\ V_A=P \\ M_A=-P\ell \end{cases}$$

となります．ここで，モーメント反力の符号がマイナスになっていますが，これは自分が仮定した正の方向（時計回り）とは反対方向（反時計回り）にモーメント反力が生じることを示しています．

4-2-3　張出しばり

張出しばりは，単純ばりの一端または両端を支点よりも先に延ばしたはりのことです．**写真1-4-3**は，トラベラークレーンによって桁の先端を徐々に張出しながら橋を建設している様子です．

クレーンが張り出した桁の先端に載った状態を簡略化して表すと**図1-4-15（a）**のようになります．この張出しばりの支点反力を求めてみましょう．

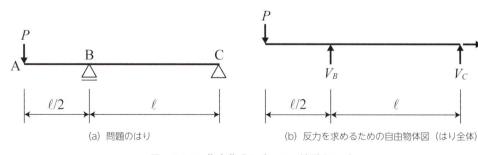

写真1-4-3　張出しばりの例（トラベラークレーンカンチレバー工法）[1]

（a）問題のはり　　　　　　　　　　（b）反力を求めるための自由物体図（はり全体）

図1-4-15　集中荷重を受ける一端張出しばり

図1-4-15（b）の自由物体図に，つり合い条件式を適用します．

$\Sigma H=0$ より，$H_C=0$

$\Sigma V=0$ より，$-P+V_B+V_C=0$

$\Sigma M_{(B)}=0$（B点まわりのモーメントのつり合い）より，$-P\cdot\ell/2-V_C\cdot\ell=0$

これらの方程式を解くと支点反力は，

$$\begin{cases} H_C=0 \\ V_B=3P/2 \\ V_C=-P/2 \end{cases}$$

となります．A点に荷重が作用すると，シーソーや「てこ」のように，B点を中心にはりが回転しようとするので，C点でははりが浮き上がろうとします．上向きを正と仮定したV_Cが負になっていることからも，C点でははりを上から下に押さえつけようとする反力（これを負反力といいます）が生じていることが分かります．このように，支点反力は常に下から上に発生するわけではなく，はりに加わる力の向きや支え方によっては，負反力となることを覚えておきましょう．

4-2-4　ゲルバーばり

ゲルバーばりは，複数のはりを中間ヒンジでつないだ静定ばりです．その中でも，多径間連続ばりの中間部にヒンジを設けてゲルバーばりとする形式が，橋梁構造物などに多く使われています．不静定構造である連続ばりをゲルバーばりにすることで，計算が簡単になるほか，もし1つの支点が地盤沈下を起こしても，沈下によってはりに生じる力学的な影響（主に付加的な応力）が生じないなどのメリットがあります．

4-1-2で少し触れましたが，ゲルバーばりを解く際には，中間ヒンジ部で2つ以上の静定ばり（単純ばり，片持ちばり，張出しばり）に分けて考えることができます．このことを思い出して，図1-4-

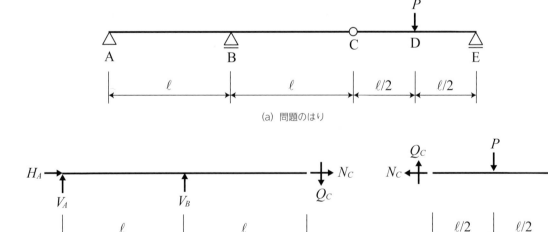

(a) 問題のはり

(b) 反力を求めるための自由物体図（はり全体）

図1-4-16　集中荷重を受けるゲルバーばり

16（a）のようなゲルバーばりの支点反力を求めてみましょう．

　まず，**図1-4-16（b）**のように，はり全体を中間ヒンジで分離して自由物体図を描きます．中間ヒンジの性質として，はりを曲げたり回転させようとするモーメントは伝わりませんが，はりの軸方向および垂直方向に働く力（軸力Nとせん断力Q）は伝達されます．このことから，中間ヒンジ部で分離するかわりに，断面力としてQ_CとN_Cを図のように作用させます．そうすることで，左半分と右半分の自由物体がそれぞれつり合うので，別々につり合い条件を適用することができます．ここで，右半分の自由物体をよくみてみると，未知のQ_CとN_Cを支点反力とみなせば，単純ばりの自由物体図と全く同じであることに気付きます．同様に，左半分の自由物体は，Q_CとN_Cを荷重と見なせば，一端張出しばりと同じ自由物体図になります（**図1-4-17**）．したがって，このゲルバーばりでは先に右半分の単純ばりを解いてQ_CとN_Cを求め，次に一端張出しばりを解けばよいのです．

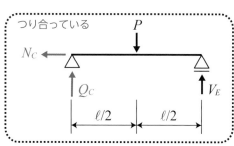

先にこちらを解き，反力として N_C, Q_C を求める

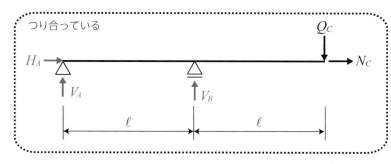

荷重として N_C, Q_C を与え，反力 H_A, V_A, V_B を求める．

図1-4-17 ゲルバーばりの考え方

　まず，**図1-4-16（b）**の自由物体図（右半分）に，つり合い条件式を適用します．
　　　$\Sigma H = 0$ より，$N_C = 0$
　　　$\Sigma V = 0$ より，$Q_C + V_E - P = 0$
　　　$\Sigma M_{(C)} = 0$（C点まわりのモーメントのつり合い）より，$P \cdot \ell/2 - V_E \cdot \ell = 0$

これらの方程式を解くと，

$$\begin{cases} N_C = 0 \\ Q_C = P/2 \\ V_E = P/2 \end{cases}$$

となります．次に，**図1-4-16（b）**の自由物体図（左半分）に，つり合い条件式を適用します．

このとき，N_CとQ_Cはすでに求まっているので，荷重として扱います．

$\Sigma H=0$より，$H_A=0$

$\Sigma V=0$より，$V_A+V_B-Q_C=0$

$\Sigma M_{(B)}=0$（B点まわりのモーメントのつり合い）より，$Q_C \cdot \ell + V_A \cdot \ell = 0$

これらの方程式を解くと，

$$\begin{cases} H_A=0 \\ V_A=-P/2 \\ V_B=P \end{cases}$$

となります．これですべての支点反力を求めることができました．このように，ゲルバーばりは中間ヒンジで2つ以上の静定ばりに分けて解くことができます．

4-3　様々な荷重を受ける単純ばりの断面力図

4-3-1　断面力図とは

　前節では，はり全体の自由物体図につり合い条件式を適用して，支点反力を求めました．一方で，外力が作用するとはりの内部には外力に抵抗する内力（断面力）が生じますが，多くの場合，断面力の大きさや方向は断面の位置によって異なるので，「断面力がはりのどこで最大または最小になるのか」を知るためには，断面力を位置の関数で表し，はり全体に対して図示すると便利です．これを断面力図といい，軸力図（N図），せん断力図（Q図），曲げモーメント図（M図）の3種類があります．

　断面力図を理解しておくと，設計の観点からはりに生じる断面力の最大や最小が分かるだけでなく，実際の構造物に生じている変形やひび割れの位置や大きさから，部材に加わっている荷重や内部の応力状態が推測できるなど，メンテナンスを考える際にも非常に役立ちます．

4-3-2　集中荷重

　図1-4-18（a）のように，斜め方向に集中荷重を受ける単純ばりの断面力図を描いてみましょう．斜めに作用する荷重は，水平方向成分（P_H）と鉛直方向成分（P_V）にそれぞれ分解できます

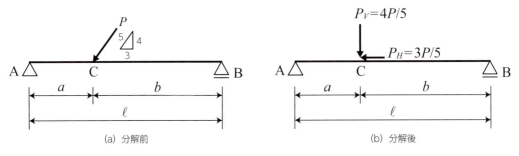

図1-4-18　問題のはり

(図1-4-18(b))．まず，前節で述べたように，はり全体の自由物体図を描き，あらかじめ支点反力をすべて求めておきます．問題のはりの支点反力は $H_A=3P/5$（右向き），$V_A=4bP/5\ell$（上向き），$V_B=4aP/5\ell$（上向き）です．

次に，荷重の左側（A～C間）の断面力を求めるために支点Aからx離れた断面で切断した状態の自由物体図を描きます（図1-4-19(a)）．切断後の断面には，4-1-3で述べた断面力の符号の定義に従って，断面力 N_x, Q_x, M_x を作用させます．この自由物体図につり合い条件式を適用して，任意の断面xに生じる未知の断面力（N_x, Q_x, M_x）をxの関数として求めて図化します．

図1-4-19(a)の自由物体は，各々でつり合い状態にあるので，左半分，右半分のどちらを解いても同じ答えになります．そうすると，計算式が煩雑にならないほうがよいので，外力の数が少ない左側の自由物体につり合い条件式を適用してみましょう．

$\Sigma H=0$ より，$N_x+H_A=0$

$\Sigma V=0$ より，$Q_x-V_A=0$

$\Sigma M_{(x)}=0$ より，$M_x-V_A \cdot x=0$

このとき，自由物体図に書き込んだ断面力の方向を正（+）として，その他の外力の符号を決めていることに注意してください．これらの方程式を解いてA～C間の断面力を計算すると，

$$\begin{cases} N_x=-3P/5 \\ Q_x=4bP/5\ell \\ M_x=4bPx/5\ell \end{cases}$$

となります．この計算結果から，A～C間の軸力 N_x とせん断力 Q_x は一定であり，曲げモーメント M_x はxの1次関数として変化することが分かります．

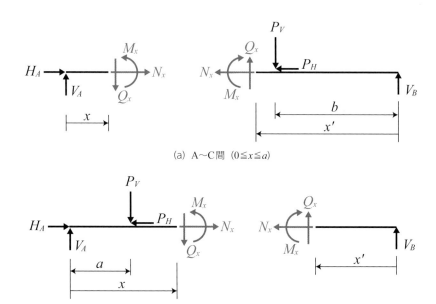

(a) A～C間 ($0 \leq x \leq a$)

(b) C～B間 ($0 \leq x' \leq b$)

図1-4-19 切断後の自由物体図

次に，A～C間と同様にして，C～B間の断面力を求めます．C～B間で切断した状態の自由物体図は，**図1-4-19（b）**のようになります．計算の煩雑さを避けるため，支点Bからの距離をx'として，外力の数が少ない右側の自由物体のつり合いを考えます．

$\Sigma H=0$ より，$N_x=0$

$\Sigma V=0$ より，$Q_x+V_B=0$

$\Sigma M_{(x)}=0$ より，$M_x-V_B \cdot x'=0$

これらの方程式を解けば，

$$\begin{cases} N_x=0 \\ Q_x=-4aP/5\ell \\ M_x=4aPx'/5\ell \end{cases}$$

のようにC～B間の断面力が計算できます．

関数式として求めた断面力 N_x, Q_x, M_x を図化すると，**図1-4-20（a）**のような断面力図が得られます．断面力図では，M図は普通，下側が正（＋）になるように描くので注意してください．

N図より，この単純ばりはA～C間で一定かつ負値となっていることから，一定の圧縮力がA～C間に作用していることが分かります．C～B間は，B点がローラ支点なので，はりの水平方向の変形（縮み）に対して支点Bが追従することから，軸力は発生しません．Q図では，支点反力 V_A, V_B と同じ大きさのせん断力が発生しています．また，C点を境にして符号が変わっています．この場合，はりはA～C間で右下がりの変形を起こし，C～B間では右上がりの変形を起

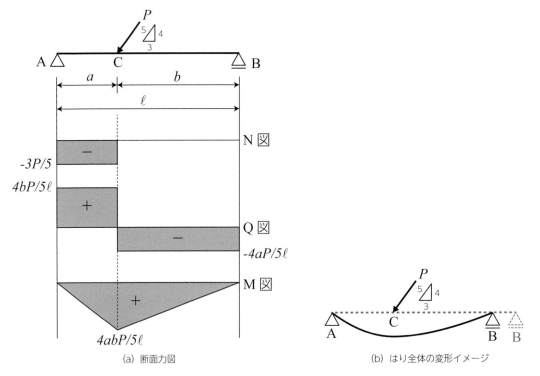

(a) 断面力図　　　　　　　　　　　　　(b) はり全体の変形イメージ

図1-4-20　断面力図と変形のイメージ

こすことを意味しています．M図では，C点で曲げモーメントが最大になっています．また，はり全体として正のモーメントが生じていることから，このはりは下に凸形状となる曲げ変形（はりの上端に圧縮，下端に引張が生じる変形）を起こすことが分かります．

以上の断面力図と符号の考察から，このはりは全体として図1-4-20（b）のように変形することがイメージできます．

4-3-3 等分布荷重

図1-4-21のように，等分布荷重を受ける単純ばりの断面力図を描きます．支点反力は，4-2-1で求めたとおり $H_A=0, V_A=V_B=q\ell/2$ です．断面力図を描くプロセスは集中荷重の場合と全く同じですが，自由物体のつり合いを考える際に，等分布荷重を集中荷重に置き換えて考えます．はりのA支点から x（B支点から x'）離れた任意の断面で切断したときの自由物体図は，図1-4-22のようになります．この場合，左右どちらの自由物体も作用している外力の数は同じです．この自由物体図のつり合い条件式は以下のとおりです．

$\Sigma H=0$ より，$N_x+H_A=0$

$\Sigma V=0$ より，$Q_x-V_A+qx=0$

$\Sigma M_{(x)}=0$ より，$M_x-V_A\cdot x+qx\cdot x/2=0$

これらの方程式を解いてA～B間の断面力を計算すると，

$$\begin{cases} N_x=0 \\ Q_x=q\ell/2-qx \\ M_x=(q\ell/2)x-(q/2)x^2 \end{cases}$$

となります．この計算結果から，せん断力図は1次関数，曲げモーメント図は2次関数（放物線）になることが分かります．これらの断面力図と変形イメージの対応を図1-4-23で確認してください．

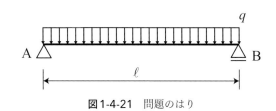

図1-4-21　問題のはり

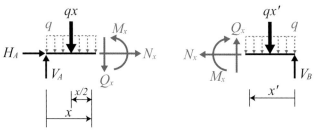

図1-4-22　切断後の自由物体図

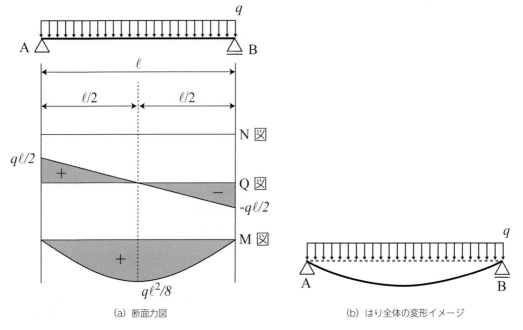

(a) 断面力図　　　　　　　　　　　(b) はり全体の変形イメージ

図1-4-23　断面力図と変形のイメージ

4-3-4　モーメント荷重を受ける単純ばりの断面力図

これまでと同じ方法で，モーメント荷重M_Cを受ける単純ばり（**図1-4-24**）の断面力図を描きます．はり全体の自由物体図のつり合いから，反力は$V_A=-M_C/\ell$，$V_B=M_C/\ell$となります．4-3-2で述べた集中荷重を受ける場合と同じように，A〜C間とC〜B間に分けて断面力を計算しましょう．それぞれの区間で切断した自由物体図（**図1-4-25**）につり合い条件式を適用し，断面力N_x, Q_x, M_xを求めた結果を以下に示します．

[A〜C間]

$\Sigma H=0$より，$N_x=0$

$\Sigma V=0$より，$Q_x-V_A=0$

$\Sigma M_{(x)}=0$より，$M_x-V_A\cdot x=0$

$$\begin{cases} N_x=0 \\ Q_x=-M_C/\ell \\ M_x=-M_C x/\ell \end{cases}$$

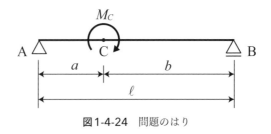

図1-4-24　問題のはり

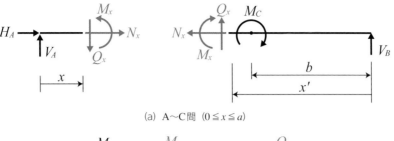

(a) A〜C間 ($0 \leq x \leq a$)

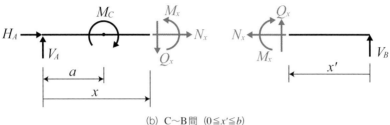

(b) C〜B間 ($0 \leq x' \leq b$)

図1-4-25 切断後の自由物体図

[C〜B間]

$\Sigma H = 0$ より， $N_x = 0$

$\Sigma V = 0$ より， $Q_x + V_B = 0$

$\Sigma M_{(x)} = 0$ より， $M_x - V_B \cdot x' = 0$

$$\begin{cases} N_x = 0 \\ Q_x = -M_C/\ell \\ M_x = M_C x'/\ell \end{cases}$$

図1-4-26（a）に描いた断面力図から，Q_xはスパン全体で一定値となり，M_xはモーメント荷重の作用点Cで符号が変わることが確認できます．断面力図に基づいて描いたはりの変形が，

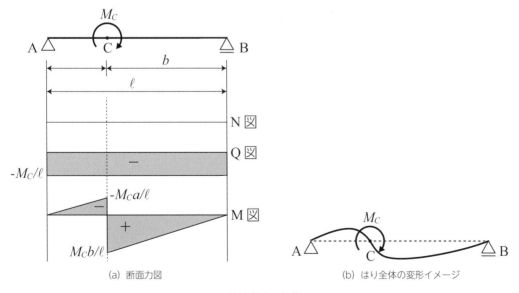

(a) 断面力図   (b) はり全体の変形イメージ

図1-4-26 断面力図と変形のイメージ

図1-4-26(b)のようにS字状になることからもモーメント荷重は,直接「点」に回転を作用させる荷重であることが理解できます.

4-4　単純ばりの影響線

4-4-1　反力と断面力の影響線

　これまで本章の例題で扱ってきたはりに載っている荷重は1つだけでした.しかし,実際の構造物には同時に複数の荷重が同時に作用することもあります.「連行荷重」もその1つです.連行荷重とは,一定の間隔を保ちながら移動する荷重群のことです.はりの上を車が通行する状態を考えましょう.車の重さがタイヤからはりに伝わるので,一定の間隔を保ったまま移動する1組の集中荷重と考えられます.荷重が1つだけなら,反力や断面力の計算も単純ですが,荷重の数が多くなると複雑になります.例えば,**写真1-4-4**のように列車がはり(橋桁)の上を通行する場合,異なる軸重を持った車両が何両も連なって通行します.このような複数の荷重が作用するはりの反力や断面力を求める際に威力を発揮するのが影響線です.

写真1-4-4　連行荷重の例(徳佐川橋梁:山口県)

　影響線とは,支点からxだけ離れた位置に作用する1つの単位荷重($P=1$)によって生じる支点反力や着目点の断面力などの物理量をxの関数として求めて図示した線図のことです.**図1-4-27(a)**に示した単純ばりの支点反力の影響線を求めてみましょう.**図(b)**は,影響線の関数式を求める際のはり全体の自由物体図です.この自由物体のつり合いからV_A, V_Bを求めると,

$$\begin{cases} V_A = 1 - x/\ell \\ V_B = x/\ell \end{cases}$$

となります.この式を図示したものが**図(c), (d)**に示す支点反力の影響線です.V_Aの影響線では,支点Aの直上で最大値1となっています.これは,単位荷重$P=1$が支点Aの直上にあるとき,そのすべて(100%)が支点Aの反力になることを意味しています.そして,$P=1$が支点

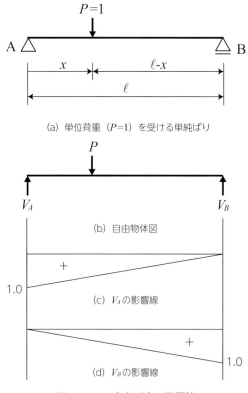

図1-4-27 支点反力の影響線

Bに向かって移動すると，支点Aからの距離xに応じて影響線の縦距（これを影響線値と呼びます）は小さくなり，やがて$P=1$が支点Bの直上に到達するとゼロ（$P=1$のすべてを支点Bが負担する状態）となります．このことから，V_Bの影響線はV_Aの影響線と対称的な形になっています．

　支点反力の影響線と全く同じ考え方に基づき，支点Aからaだけ離れた断面Cのせん断力Q_Cの影響線を描きます（図1-4-28（a））．ここで求めたいのはC点の断面力なので，C点で仮想的に切断したはりの自由物体を考えます．図（b）では，A～C間に$P=1$がある状態を考えていますが，このときのつり合い式からQ_Cを求めると，それがA～C間の影響線になります．この場合，$\Sigma V=0$から$Q_C=-V_B$となるので，A～C間のQ_Cの影響線はV_Bの影響線を-1倍したものと同じになります．図（c）についても同様に考えると$Q_C=V_A$となり，C～B間のQ_Cの影響線はV_Aの影響線そのものであることが分かります．以上の結果から，はり全体としてのQ_Cの影響線は図（d）のようなC点を境にして符号が変わる形になります．このことは，$P=1$がA～C間にある場合には，はりはC点で右上がりの変形を生じ，$P=1$がC～B間に移動するとC点で右下がりの変形を生じることからも理解できます．

　せん断力の影響線と同じ方法で求めた断面Cの曲げモーメントM_Cの影響線を図1-4-29に示します．M_Cの影響線では$P=1$がC点の直上にあるとき，影響線値が最大（ab/ℓ）になることが分かります．また，M_Cの影響線はV_Bの影響線をb倍にしたものとV_Aの影響線をa倍にしたもの

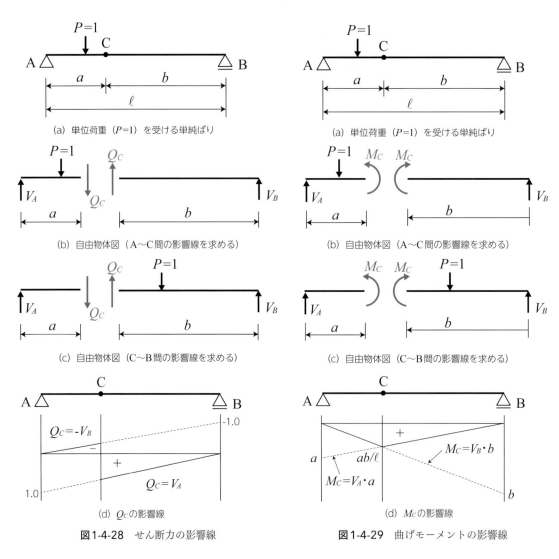

図1-4-28　せん断力の影響線

図1-4-29　曲げモーメントの影響線

を組み合わせた形になりますので，図(b)，(c)に示した自由物体のつり合い（$\Sigma M_{(C)}=0$）からM_Cを求めて確認してみましょう．

4-4-2　影響線の使い方

V_Aの影響線を例に，図1-4-30でその使い方を説明します．いま，図(a)に示すように実荷重P_iがはりに作用しているとき，その作用位置iでの影響線値をy_iとすれば，実際の反力V_Aは，$P_i \cdot y_i$となり，簡単に計算できます．一方，図(b)のように実荷重が等分布荷重の場合には影響線値ではなく，等分布荷重の直下にある影響線の面積A（影響面積）をその荷重強度qに乗じることでV_Aを計算できます（$V_A=q \cdot A$）．この使い方は，図(c)のように集中荷重と等分布荷重が複数作用する場合にも同じなので，荷重の大きさ×影響線値（影響面積）を荷重ごとに計算し，それらを足し合わせるだけで複雑なつり合い計算をしなくてもV_Aを求められます．

以上に述べた影響線の使い方は，反力だけでなく断面力の計算でも同様ですので，着目する

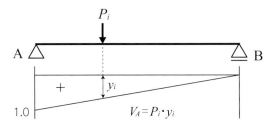
(a) 集中荷重P_iが作用する場合

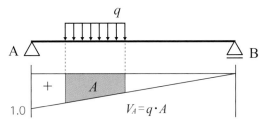
(b) 等分布荷重qが作用する場合

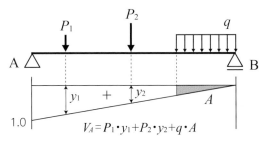
(C) 複数の荷重が作用する場合

図1-4-30 影響線の使い方

物理量に対する影響線をあらかじめ描いておくと，連行荷重のような多くの荷重が加わる際の断面力計算にとても便利です．

4-5 連続ばり

　連続ばりとは，3つ以上の支点で支えられた1本のはりのことです．これまでに本章で述べてきたはりはいずれも静定ばりだったので，つり合い条件式（$\Sigma H=0, \Sigma V=0, \Sigma M=0$）だけで反力や断面力を求めることができました．しかし連続ばりは，つり合い条件式だけでは反力や断面力を求めることができない不静定ばりです．そのため，図1-4-4（62ページ）では安定・不安定や静定・不静定を判別するために，未知反力の数とつり合い条件式の数（3つ）との差について述べました．この差を不静定次数 n と言います．

　このことから，$n=0$ のとき静定ばり，$n>0$ では不静定ばり（n 次不静定）となります．安定・不安定の別では $n<0$ が不安定ばり，$n \geq 0$ が安定ばりとなります．しかし，不静定ばりの中には，中間ヒンジを有することで静定ばりとして扱われるものもあります．これらのことを踏まえると，不静定次数は以下のように表すことができます．

$$不静定次数：n = r - 3 - h$$

　ここで，r は反力の数，h は中間ヒンジの数です．例えば，図1-4-31 に示す2つのはりは，いずれも3径間でよく似ていますが，(a) が2次不静定の連続ばり（$n=5-3-0=2$），(b) のはりが，2つの中間ヒンジを持つゲルバーばり（$n=5-3-2=0$）となります．支点間に2つのヒンジを有するこのようなゲルバーばりを，カンチレバー式ゲルバーばりと呼びます．

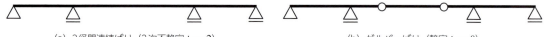

(a) 3径間連続ばり（2次不静定：$n=2$）　　　(b) ゲルバーばり（静定：$n=0$）

図1-4-31　3径間連続ばりとゲルバーばり

　連続ばりの力学的なメリットについて，曲げモーメントの観点から考えてみましょう．図1-4-32 はいずれも A, B, C, D に支点を持つ3径間のはりに，等分布荷重 q を載せた場合の曲げモーメント図を描いています．図中 (a) と (b) について中央径間の曲げモーメントを比較してみると，このようなスパン割りの場合には，連続ばりにすることで最大曲げモーメントが単純ばりの1/2まで小さくできることが分かります．その分，はりの断面も小さくすることが可能であり，より経済的なはりになります．ただし，中間支点 BC の近くでは負の曲げモーメントが発生するため，この部分でははりの上端が引張，下端が圧縮になることに注意しましょう．また，連続ばりでは，中央径間に曲げモーメントがゼロとなる点が2つできるので，実質的なスパンはこの2点間の距離となり，同じ径間数の単純ばりよりも応力的に有利になるため，径間長を長くとることができます．

　一方，曲げモーメントがゼロとなる中央径間の2つの点付近に中間ヒンジを設けた構造が，カ

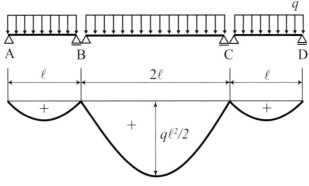
(a) 3径間単純ばりの曲げモーメント図

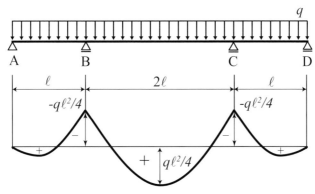
(b) 3径間連続ばりの曲げモーメント図

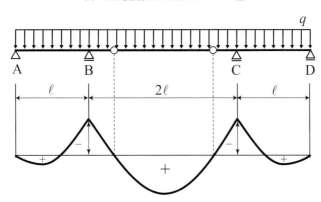
(c) カンチレバー式ゲルバーばりの曲げモーメント図

図1-4-32 曲げモーメント図の比較

ンチレバー式ゲルバーばり（**図1-4-32（c）**）となります．連続ばりと比較しても，曲げモーメント図がほぼ同じになっていることから，このゲルバーばりは，連続ばりと同じ力学的なメリットを有していることが分かります．しかし，連続ばりに比べて中間ヒンジ部での車両の走行性が悪く，損傷が生じやすいこと，振動しやすいこと，耐震性に劣るなど，メンテナンス上のデメリットも多いため，現在では長径間の橋桁を除き，あまり使われていません．

4-6　はりに生じる応力とひずみ

4-6-1　はりに生じる応力

　応力とは，外力によってはりの内部に生じる内力であり，P_a（パスカル＝N/m²）やN/mm²といった単位面積あたりの力として表します．構造物の設計では，外力によって生じる応力（作用応力）が，安全性や使用性などを考慮して定めた所定の応力内に収まるように設計します．構造物に作用する外力には，その目的や周囲の環境条件に応じて自重，活荷重，積載荷重，地震，風圧などの様々なものがあるうえ，その構造形式や部位によっても部材内部で卓越する断面力の種類や組合わせも変わってきます．例えば，はり部材にはせん断力と曲げモーメントが同時に作用することが多く，トラスでは主に軸力のみを取り扱います．これら3つの断面力に対応して，それぞれ軸応力，せん断応力，曲げ応力が部材の内部に発生しますので，それらの大きさを求め，部材に応じた組合わせを考える必要があります．

4-6-2　軸力 N によって生じる応力とひずみ

　図1-4-33（a）のように，元の長さが ℓ で断面積 A の部材が，引張力 P を受けて軸方向に $\Delta\ell$ だけ一様に伸びた状態を考えます．この図では，部材の左端を固定して右端に荷重 P を加えた状態を表していますので，左端の P は反力となります．いま，部材内部で軸方向に垂直な断面 (s-s) で仮想的に切断すると，左右の自由物体がつり合うように内力として軸力 N が発生します．この軸力 N は外力 P に等しい大きさを持っているので，この断面に生じる軸応力 σ は，

$$\sigma = N/A = P/A$$

となります．軸応力は，図1-4-33（b）のように断面内で一様に分布しており，その符号は，軸力と同じく引張応力を正（＋），圧縮応力を負（－）と定義します．なお，圧縮力に対しても上式によって応力を求めることができますが，断面内での荷重の作用位置や部材全体の幾何形状に応じて，荷重偏心や座屈に注意しなければなりません．

　一方，軸力によって部材に生じた伸び $\Delta\ell$ と元の長さ ℓ の比（長さの変化の割合）を軸ひずみ ε といいます．

$$\varepsilon = \Delta\ell/\ell$$

軸ひずみは，長さを長さで除しているので，無次元（単位なし）となります．また，部材が軸力を受けると，ひずみは軸方向だけでなく，部材軸直角方向にも生じます（図1-4-33（c））．一般に，軸方向のひずみ（$\Delta\ell/\ell$）を縦ひずみ，軸直角方向のひずみ（$\Delta h/h$）を横ひずみと呼び，その比

$$\nu = |横ひずみ/縦ひずみ|$$

をポアソン比といいます．また，ポアソン比は，伸びる方向を正，縮む方向を負として表し，軸力を受ける方向と直角な方向に異符号のひずみが生じる現象がポアソン効果です．ポアソン効果は，ゴムを引っ張ると断面が細くなり，発泡スチロールを押しつぶそうとすると断面が太く変形するといった日常経験からも理解できます．

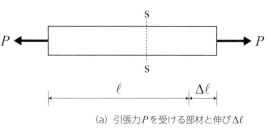
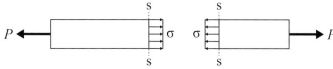

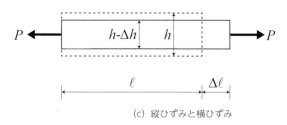

図1-4-33 軸力を受ける部材の応力とひずみ

　ところで，部材が等方等質な弾性材料からできている場合，上記の応力とひずみの間には比例関係が成立します．これをフックの法則といいます．

$$\sigma = E\varepsilon$$

　ここで，Eは弾性係数またはヤング係数と呼ばれる材料固有の係数であり，応力と同じ単位を持っています．フックの法則による応力σとひずみεの関係は，弾性体に対して成り立つので，物理学で扱うバネ問題の力Fと伸びδの関係（$F=k\cdot\delta$）を対応させて考えると，弾性係数Eはばね定数kと同じような意味を持っていることに気付きます．つまり，弾性係数Eは材料の変形のしやすさを意味しており，その値が大きいほど変形しにくい（硬い）材料であることが分かります．軸方向および軸直角方向に対する弾性係数を，それぞれ縦弾性係数，横弾性係数と呼ぶこともあります．

4-6-3　平均せん断応力とせん断ひずみ

　これまでに述べてきたせん断力Qは，断面力として自由物体図に描いてきたように，はりの切断面と平行に作用する力のことです．このせん断力Qは，例えば**図1-4-23（a）**に示すように，はりの端部で大きくなる特徴があります．このことからプレートガーダーや鉄筋コンクリートばりの端部（支承部付近）では，せん断座屈やせん断破壊に注意が必要です．

　一方で，**図1-4-34（a）**に示したように，せん断力Qを受けるはりの任意断面を考えると，この断面を右下がりに変形させるよう，下向きにQが作用しているので，作用・反作用の法則によって，Qと逆向き（上向き）で大きさが等しい力（偶力）が切断面のごく近くに生じているは

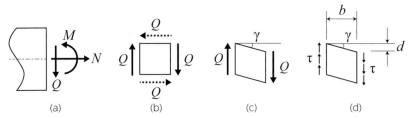

図1-4-34　せん断力とせん断変形の概念

ずです（図1-4-34（b））．そうすると，これらはいずれも断面を右回り（時計回り）に回転させようとするので，これを静止させるためには，点線の矢印で示したような左回り（反時計回り）に回転させようとする偶力（その大きさはQと同じ）が作用しなければなりません．このように，大きさが等しく互いに直交する断面に作用する1対のせん断力を，共役せん断力といいます．

いま，はり切断面付近の自由物体に対して，せん断力Qが作用した結果，図1-4-34（c）のような，右下がりの変形（せん断変形）による微小な変形角γが生じたとします．このはりの断面全体（断面積A）にせん断力Qが一様に分布していると仮定したとき，断面に作用する単位面積あたりの応力τを求めると，

$$\tau = Q/A$$

となり，これを平均せん断応力と呼びます．このτによって生じる微小なせん断変形角γは，図1-4-34（d）のような幾何的関係から，

$$\gamma \fallingdotseq \tan\gamma = b/d$$

となり，これをせん断ひずみといいます．式を見て分かるとおり，やはりひずみに単位はありません．先に述べたフックの法則と同じように，τとγの間にも以下の比例関係が成立します．

$$\tau = G\gamma$$

ここで，比例定数Gをせん断弾性係数といい，せん断変形のしやすさを表す材料固有の定数です．なお，鋼材のような等方性材料であれば，弾性係数Eとせん断弾性係数Gの間に，

$$G = E/2(1+\nu) \quad \nu:\text{ポアソン比}$$

という関係があります．

4-6-4　曲げモーメントによって生じる応力とひずみ

様々な荷重によって，はりの内部に断面力としての曲げモーメントMが生じた場合，はりは図1-4-35のような曲げ変形を起こします．このとき，$M>0$であれば，はりの上端には軸方向に圧縮力，下端には引張力が生じますし，$M<0$（負曲げ）であれば上端に引張力，下端に圧縮力が生じます．いずれにしても，上端と下端の間に，無応力となる軸方向の面があるはずです．これを中立面といい，中立面がはりの断面と交わる線を中立軸といいます．

一方，荷重を受けて変形する前にはりの軸に対して垂直だった断面（例えばはりの端部）は，荷重を受けて変形した後もはりの軸に対して垂直な状態を保つように変形します．これははりの変形が小さい間は実験的にも確認できることから，平面保持の法則と呼ばれ，はりの変形状態を

考えるうえでとても重要な仮定になりますので，覚えておきましょう．

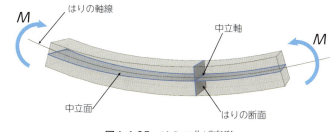

図1-4-35　はりの曲げ変形

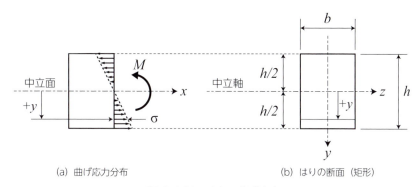

(a) 曲げ応力分布　　　　(b) はりの断面（矩形）

図-1-4-36　はりの曲げ応力

さて，曲げモーメントMによってはりの断面に生じる応力（曲げ応力）は，はりの断面に対して垂直な方向に作用することから，軸応力とともに垂直応力に分類され，**図1-4-36（a）**のように断面に分布することが知られています．この曲げ応力σを式で表すと，

$$\sigma = My/I_z$$

となり，中立軸からの距離yに比例して直線状に変化し，全体として三角形分布になることが分かります．また，曲げ応力σによるひずみ（曲げひずみ）は，フックの法則$\sigma = E\varepsilon$から

$$\varepsilon = \sigma/E = My/(EI_z)$$

となり，ひずみも中立軸からの距離yに応じて直線状に変化します．**図1-4-36**の中で，yを下向きに正（＋）に表記しているのは，はりの中立面から下半分には引張力（＋）が作用し，上半分には圧縮力（－）が作用するためです．このことから，上下対称な矩形断面のはりでは，はりの上端（$y=-h/2$）で曲げ圧縮力が最大になり，下端（$y=+h/2$）では曲げ引張力が最大になります（**図1-4-36（b）**）．I_zはz軸まわりの断面二次モーメントであり，断面積×距離の2乗で定義されることから，長さの4乗（例えばcm⁴）の次元を持っています．断面二次モーメントは，断面の幾何形状から計算することができ，荷重を受けたときのはりの曲げ抵抗の大きさ（曲げ応力やはりのたわみなど）を計算で求める際の重要な断面諸量になります．

代表的な中実断面における中立軸（z）まわりの断面二次モーメントの例を**図1-4-37**に示します．

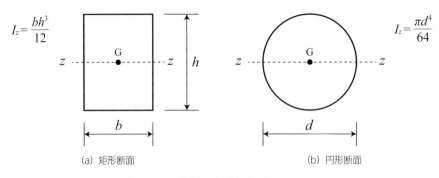

(a) 矩形断面　　　　(b) 円形断面

図1-4-37　中実断面の断面二次モーメント

図1-4-38（a）は，はりとしてよく用いられるI形断面（上下対称）の断面二次モーメントです．この場合，I形断面としての中立軸まわりのI_zは，断面外周の矩形（b_1, h_1）のI_zから，グレーの部分のI_zを差し引くことで求められます．同様に，**図1-4-38（b）**に示したような中空断面では，外径d_1を用いて求めたI_zから内径d_2を用いて求めたI_zを差し引くことで計算できます．

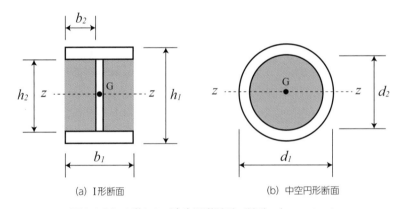

(a) I形断面　　　　(b) 中空円形断面

図1-4-38　I形および中空円形断面の断面二次モーメント

前項4-6-2では，せん断力Qが作用する断面に対して平行に分布するせん断応力（平均せん断応力）を求めました（**図1-4-34（a）**）．しかし同時に，共役せん断力として，はりの断面に垂直な方向（はり軸方向）にもせん断応力が発生します．これを水平せん断応力といいます．また，曲げモーメントの大きさがはり軸方向に変化する場合には，そこには必ずせん断力Qが作用していますので，はりの曲げ変形にともなって，水平せん断応力が生じることになります．分かりやすく言えば，**図1-4-39（a）**のように，薄い板を何枚も重ねてはりを作るとき，荷重を与えるとその端面は平面保持の法則に従って，**図1-4-35**のようにはり軸と直角に傾かなければいけませんが，はりの上端と下端で曲げ変形の曲率が異なるため，板と板の間にズレが生じるので直角にはなりません．本書の長手方向を持って曲げてみると，ページの端面に**図1-4-39（a）**のようなズレが生じるのと同じです．したがって，実際のはりの端面が平面保持の法則を満足するように変形しようとすれば，**図1-4-39（b）**に示すように，はり軸方向に水平せん断応力τ'

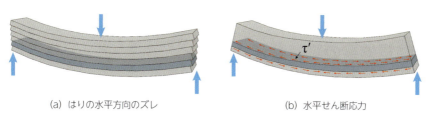

(a) はりの水平方向のズレ　　　(b) 水平せん断応力

図1-4-39　はりに生じるせん断応力

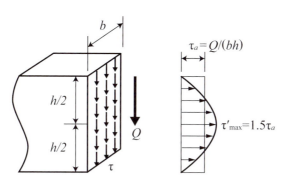

図1-4-40　矩形断面の最大せん断応力と平均せん断応力

が発生することが分かります．この水平せん断応力 τ' は，

$$\tau' = QG_z/(bI_z)$$

となり，断面内で中立軸からの距離に応じて変化するせん断応力分布を求めることができます．このとき，共役せん断力の考えに基づくと，はり断面に平行に生じるせん断応力 τ と τ' は中立軸からの距離が等しければ同じ大きさになります．ここで，はりの断面内で G_z は中立軸から y だけ離れた位置（せん断応力を求めたい位置）から外側にある部分の断面が中立軸に対してなす断面1次モーメントであり，b はその位置でのはり幅です．断面一次モーメントは，断面積×距離で定義されることから，長さの3乗の次元（例えば cm³）を持っています．

矩形断面にせん断力 Q が作用した場合のせん断応力分布を描くと，**図1-4-40** のようになります．せん断応力は，はりの中立軸位置（高さ中央）で最大となり，その値は平均せん断応力（$\tau_a = Q/A$）の1.5倍となります．

〔資　料〕
1）写真提供：川田工業（株）

Column コラム

耐候性鋼橋梁の維持管理

麻生　稔彦

　耐候性鋼材は銅，クロム，ニッケル等の元素を添加した合金で，鋼材表面に緻密で環境遮断効果の高い保護性のさびを生成します．時々，「保護性さびができれば腐食は進まない」と耳にしますが，これは誤解であり保護性さびが生成されても腐食は進行します．実際には保護性さびの生成により腐食速度が十分低減され，橋梁の供用期間中における腐食減耗量を抑制します．

　耐候性鋼材を使用した耐候性鋼橋梁では，防食塗装を必要としないため維持管理コストの低減が可能となります．ただし，保護性鋼橋梁で常に保護性さびが生成されるとは限りません．保護性さびが生成されない要因は大きく分けて，(1) 腐食環境が良すぎて保護性さびが生成されない（初期さびで進行が止まる）場合と，(2) 腐食環境が厳しく異常さびが生成される場合の2つがあります．

　耐候性鋼材に保護性さびが生成される条件として，一般に「適度な乾湿を繰り返すこと」とされています．しかし，高橋脚で風通しが良いなどの条件下にある橋梁等では乾燥した環境になる場合もあり，「適度な乾湿」が繰り返されない場合もあります．そのような橋梁ではさびが進行せず，**写真-1**のような初期さびの状態が永く続く場合があります．このような橋梁では防食機能が劣化しているわけではなく，保護性さびの生成に至っていないだけで健全な状態と評価して良いでしょう．

　一方，異常さびは放置すると部材の減厚を伴うほどの腐食に進展することもあります．**写真-2**は腐食により減厚した支点上垂直補剛材です．防食塗装を施さない耐候性鋼橋梁の維持管理にあたっては，このような異常さびの早期発見が必要不可欠です．以下に，耐候性橋梁の維持管理にあたり，注意すべき事項を示します．なお，塩分は腐食の促進因子であり，水分中に塩分が存在すると腐食速度を加速しますが，塩分が無い環境下でも腐食は進行します．

写真-1　未成長さび

写真-2　層状剥離さび

写真-3　漏水痕

写真-4　処理剤の風化

写真-5　被膜下の腐食

（1） 評価すべきはさびの腐食速度

定期点検においては，今現在において進行している腐食か否かを判断する必要があります．やや粗いさびとなっていても，既に腐食の進行が十分遅くなっているようなら慌てる必要はないでしょう．これを判断するためには，可能な限り定点でのさび評価を行うとともに，点検記録の中にさびの状況記録（例えばセロテープ試験）を加えることが有効と考えられます．

（2） 視るべきは水の痕跡

鋼材の腐食には水と酸素の存在が欠かせません．そのため，耐候性橋梁では鋼材表面に想定外の水が供給されていないかを確認する必要があります．点検時には水跡やさび汁を追いかけると有効です．**写真-3**は**写真-2**の腐食をもたらした伸縮装置からの漏水痕です．また，腐食した耐候性鋼部材の補修にあたっては，腐食原因の排除が肝要です．その際にも，水の遮断が対策の基本となる場合が多くあります．

（3） 環境が変わればさびも変わる

耐候性鋼材の表面に保護性さびが生成されていても，環境が変われば異常さびになり腐食速度が増加することがあります．前回の点検で保護性さびが確認されていても，その後の漏水により粗いさびや剥離さびに進行しているかもしれません．丁寧な観察が必要です．

（4） さび安定化補助処理剤は風化してあたりまえ

耐候性鋼材は裸使用が多いのですが，橋梁によってはさび安定化補助処理剤が使われることもあります．さび安定化補助処理剤は経年と共に風化し，いずれは鋼材に生成したさびと置き換わります．そのため，風化過程では**写真-4**のように鋼材表面に処理剤皮膜とさびが混在し，やや美観に劣る状態になります．耐候性鋼橋梁の維持管理では鋼材表面の腐食が問題であり，さび安定化補助処理剤の風化程度は損傷ではありません．一方，**写真-5**のように処理剤皮膜下で腐食が進行する場合もあります．これは鋼材の腐食ですので詳細な調査が必要となります．さび安定化補助処理剤は風化消失しますので，耐候性鋼材が裸で使用できる環境下での使用が大原則です．

私の思い出の橋

▶角島(つのしま)大橋

　角島大橋は山口県西部の下関市に位置し，本土と角島を結んでいます．当初，角島住民の交通の便を確保する目的で計画されましたが，完成後には多くの観光客が訪れることになり，橋梁の持つ多角的意義を再認識させられます．景観も大変美しく，橋梁の造形美と自然美が大変よくマッチした橋梁です．建設中に学生を引率して見学して以来，橋梁技術者を目指す学生には橋の役割や橋梁と自然との調和の題材として，一度は訪れることを強く勧めています．

（麻生　稔彦）

〔写真提供：石黒　博和〕

形　式	PC箱桁＋鋼床版箱桁橋
橋　長	1.78 km
所在地	山口県下関市
竣工年	1997年7月

第Ⅰ編　メンテナンスに必要な構造工学

第5章
鋼構造とコンクリート構造の成立ちと壊れ方

5-1　鋼構造とコンクリート構造の特徴
　5-1-1　鋼　構　造
　5-1-2　コンクリート構造
5-2　鋼構造とコンクリート構造の成立ち
　5-2-1　鋼　構　造
　5-2-2　コンクリート構造
5-3　鋼構造とコンクリート構造の壊れ方
　5-3-1　鋼　構　造
　5-3-2　コンクリート構造
コラム

5-1 鋼構造とコンクリート構造の特徴

5-1-1 鋼構造

　鋼構造は，鋼板や形鋼を溶接や高力ボルトなどを用いて接合することで部材が構成されます．断面や部材の寸法に比して，板厚が薄いのが特徴です．代表的な断面形状（I形断面，箱形断面）の桁橋の構造を図1-5-1に示します．断面を構成する板の座屈を防止するため，補剛材が配置されています．板厚に対する板幅の比（幅厚比）が小さい場合には，補剛材が配置されない場合もあります．部材は運搬可能な大きさで工場製作され，現場で部材を順次接合することで構造物が構築されます．工場での接合には溶接が，現場での接合には高力ボルトが主に用いられています．溶接や高力ボルトが普及する以前には，工場製作を含めリベットが用いられていました．鋼材や接合材料には様々な種類があり，それらは時代とともに変化しています．

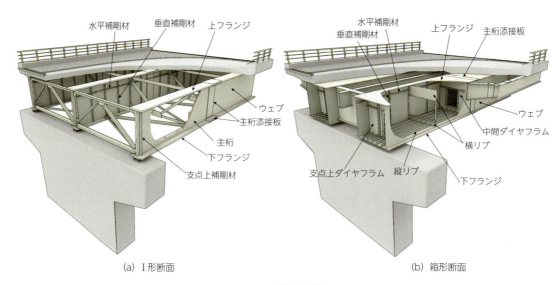

(a) I形断面　　(b) 箱形断面

図1-5-1　桁橋の構造

5-1-2 コンクリート構造

　コンクリートは圧縮に強く，引張に弱いという力学的な特徴があります（引張強度≒0.1×圧縮強度）．圧縮力しか作用しない部材であれば，コンクリートだけで耐えることも可能ですが，地震国日本ではそうはいきません．例えば，柱は一般にその上の荷重を支えるための部材ですので，通常は圧縮力のみが作用し，コンクリートだけで抵抗することが可能ですが，地震が起きると曲げモーメントやせん断力といった断面力が作用し，断面内に引張力が発生するため，コンクリートだけでは抵抗できなくなります．

　そこで，引っ張る力に対しても強い鉄筋をコンクリート内に配置するのです．コンクリートが圧縮力を分担し，鉄筋が引張力を分担することで，コンクリート構造が成立します．また鉄

筋の十分な伸び能力により，コンクリートがぜい性的に（急激に）破壊することを防ぎます．一方，鉄筋は細長いため，軸圧縮力がかかると座屈しやすいという欠点があります．また水と酸素があると簡単にさびてしまいますし，高温にさらされると変形しやすいという欠点もあります．しかし，鉄筋の周りをコンクリートが取り囲むことにより，座屈しにくく，さびにくく，さらには耐火性にも優れた構造になります．図1-5-2に鉄筋コンクリートにおける構成材料の役割を示します．鉄筋コンクリートは英語ではReinforced Concreteです．その頭文字をとってRCと呼ばれます．補強されたコンクリートという意味ですが，鉄筋という文字は英語にはありません．先代の命名力には感心します．

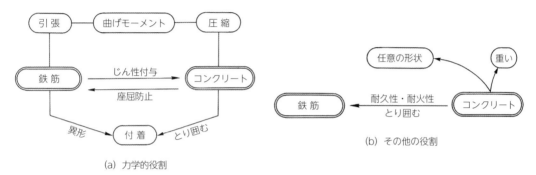

図1-5-2　鉄筋コンクリートにおける構成材料の役割

鉄筋コンクリートの特徴は以下のようになります．コンクリートあるいは鉄筋の特性が変われば，鉄筋コンクリートの特性も変化します．
① 任意の形状・寸法の部材および構造物を造ることができる．
② 構造物の性質，特に耐久性は施工の良否に依存する．
③ 材料の入手が容易であり，経済的である．
④ 耐久性および耐火性のあるものを容易に造ることができる．
⑤ 改造あるいは取壊しが容易でない．
⑥ 自重が大きい．

鉄筋コンクリートは部材中に生じる引張力を鉄筋で負担させる構造です．そのため，鉄筋コンクリートはひび割れが発生することを前提としており，鉄筋はひび割れ発生後に機能することになります．したがって，設計においてはひび割れが過度に発生しないよう制御する必要があります．

これに対して，荷重作用によって部材に作用する引張応力に対して，それを上回る圧縮応力をあらかじめ部材に与えておくことで，部材に引張応力を発生させないコンクリート構造もあります．引張応力が発生しなければ，当然，ひび割れは生じません．このあらかじめ（Pre）与えておく圧縮応力（stress）がプレストレス（prestress）であり，プレストレスを与えてある構造をプレストレストコンクリート（Prestressed Concrete: PC）と呼びます．

5-2　鋼構造とコンクリート構造の成立ち

5-2-1　鋼　構　造
(1)　材　　料

　鉄金属は炭素含有量によって**表1-5-1**のように分類されます．ただし，鉄金属を分類する際の炭素含有量の範囲には諸説あり，ここに示しているのはその一例です．鋼は炭素を多過ぎず，少な過ぎず，適切な量含んでいる鉄金属であると言えます．錬鉄は炭素含有量が極めて少なく，軟らかい（強度があまり高くない）鉄金属です．鋳鉄は2%を超える炭素を含んでおり，一般に硬くてもろい性質があります．錬鉄や鋳鉄は鋼とは異なるため，これらの鉄金属を用いた構造を「鋼構造」と呼ぶのは厳密ではなく，「鉄構造」と呼ぶべきかもしれません．しかし，一般にはこれらについても「鋼構造」と呼んでいます．

表1-5-1　鉄金属の分類例

種類	炭素 C (%)	硫黄 S (%)	リン P (%)
銑鉄	3.00〜4.00	0.02〜0.10	0.03〜1.00
電解鉄	0.00〜0.02	0.013	0.00
鋳塊鉄	0.01〜0.04	0.023	0.017
錬鉄	0.02〜0.06	0.02〜0.05	0.05〜0.20
ねずみ鋳鉄	2.50〜3.75	0.06〜0.12	0.10〜1.00
可鍛鋳鉄	2.00〜2.50	0.04〜0.06	0.10〜0.20
炭素鋼	0.03〜1.70	0.00〜0.06	0.00〜0.06

　橋梁については，1868年長崎に我が国で最初の鉄橋である「くろがね橋」が建設されて以降しばらくは，主に錬鉄が用いられていました．鋼が利用されるようになったのは，明治中期以降と言われています．また，鋳鉄の橋は我が国には極めて少ないと言われています．
　現在鋼橋に用いられている鋼板や形鋼などの鋼材の大部分は，JISに規定されている構造用鋼材です．構造用鋼材には，一般構造用圧延鋼材（SS），溶接構造用圧延鋼材（SM），溶接構造用耐候性熱間圧延鋼材（SMA）があります．SM材の機械的性質の規定を，板厚が100mm以下の場合に限って，**表1-5-2**に示します．最近，鋼橋の建設コスト縮減のために，産学連携プロジェクトの成果に基づく高性能高張力鋼材が開発され，橋梁用高降伏点鋼板（SBHS）としてJIS規格化されています．これらのうちSS材は溶接性が保証されていないため，基本的には溶接して利用することができないことに注意が必要です．
　また，古い鋼材は現在と比べ不純物の含有量が多いことなどから，溶接性が悪く破壊じん性が低いのが一般的です．維持管理においては，こうした材料特性の現在との違いについても認識しておくことが重要です．

表1-5-2 溶接構造用圧延鋼材の機械的性質

種類の記号	降伏点または耐力（N/mm²）				引張強さ (N/mm²)	伸び*) （％）
	鋼材の厚さ t (mm)					
	$t \leq 16$	$16 < t \leq 40$	$40 < t \leq 75$	$75 < t \leq 100$		
SM400A SM400B SM400C	245以上	235以上	215以上	215以上	400〜510	18〜24以上
SM490A SM490B SM490C	325以上	315以上	295以上	295以上	490〜610	17〜23以上
SM490YA SM490YB	365以上	355以上	335以上	325以上	490〜610	15〜21以上
SM520B SM520C	365以上	355以上	335以上	325以上	520〜640	15〜21以上
SM570	460以上	450以上	430以上	420以上	570〜720	19〜26以上

*) 伸びの規定は鋼材の厚さおよび試験片の種類により異なる．

(2) 接　合
1) リベット接合

図1-5-3に示すように，重ねた複数の板に通し孔をあけ，そこに1,100℃程度に加熱して軟らかくなったリベットと呼ばれる鋲を挿入した後，受け盤（当て盤）とスナップで圧力を加えることで頭部を成型し，接合する方法です．きちんと施工されていれば，リベットがしっかり孔を満たして孔壁と密着するため，リベット軸部のせん断と支圧で荷重に抵抗することができます．疲労強度も高いと言われています．

近年では施工効率が悪いことや騒音が発生することなどから，特別な場合を除いて用いられることはありません．しかし，写真1-5-1に示すようなリベット接合された構造物は今なお多く存在し，それらを維持管理する必要があります．

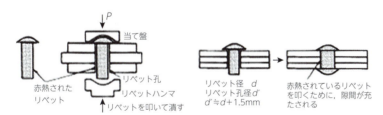

図1-5-3　リベット接合

写真1-5-1　リベット接合された構造部材の一例

2）高力ボルト接合

　リベット接合と同様に重ねた複数の板に通し孔をあけ，そこに高力ボルトを挿入し，締め付ける接合方法です．力の伝達メカニズムによって，**図1-5-4**に示すような3種類の接合方法，すなわち，摩擦接合，支圧接合，引張接合に分類されますが，一般的に摩擦接合が用いられます．

　摩擦接合は，重ねた鋼板をボルトで締め付けることによって発生する鋼板間の摩擦力で，荷重を伝達する方法です．摩擦力は鋼板間の締付け力であるボルト軸力に比例するため，ボルト軸力をきちんと管理することが重要です．また鋼板間の摩擦力で力を伝達するため，ボルト軸と鋼板の孔壁が接触している必要はありません．ボルト径よりも2mm程度大きな孔をあけ，そこにボルトを挿入して締め付ければよいため，施工性に優れていると言われています．

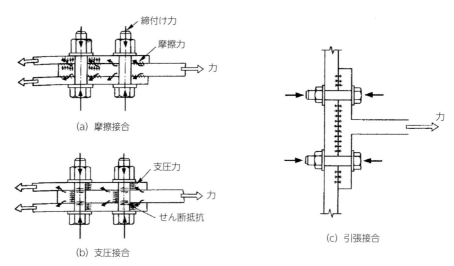

図1-5-4　高力ボルト接合の種類

　現在一般に用いられる摩擦接合用高力ボルトは，**図1-5-5**に示す高力六角ボルトとトルシア形高力ボルトの2種類です．前者には機械的性質が異なるF8T，F10T，F11Tなどの種類があります．F11Tは後述する遅れ破壊の問題が生じたため，現在は使われていません．後者は，ボルトの先端に付したピンテールで締付けトルクの反力を受け，この反力が所定の値になると破断溝が破断するように製作されているボルトです．締付けの完了がピンテールの破断で確認できるため，煩雑な施工管理を必要としません．また，ボルトの頭が丸形であり，頭側の座金を省略して使用するため，高力六角ボルトに比べ重量が低減するというメリットもあります．最近

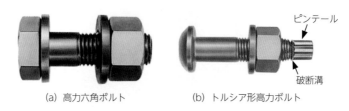

図1-5-5　摩擦接合用高力ボルト

までF10Tに相当するS10Tのみが利用されていましたが，最新の道路橋示方書（平成29年11月発行）では，耐遅れ破壊特性が明らかな場合は，防錆処理したうえでS14Tを利用できるようになりました．

引張強度が1,200N/mm²程度以上の高力ボルトには遅れ破壊が生じる可能性があります．遅れ破壊は，静的な荷重が継続的に作用している状態で，ある時間経過した後に外見上ほとんど変形することなく，突然ぜい性的な破壊を起こす現象です．表面の切欠きや腐食孔等の応力集中源を起点として亀裂が発生し，それが時間とともに進行して，残り断面で作用荷重に耐えられなくなった時点で，急激に破壊が発生します．作用引張応力が高いほど，また応力集中度が高いほど発生しやすく，温度・湿度などの腐食環境も大きな影響を及ぼします．原因としては水素ぜい化による割れ（陰極反応）と応力腐食割れ（陽極反応）が考えられています．

高力ボルトにおける遅れ破壊の発生位置を図1-5-6に示します．損傷が確認された初期には不完全ネジ部からの破断が多く確認されましたが，その後この部位の形状が改善されたことによりナットのかかり部からの破断が最も多くなり，次いでボルトの首下部，不完全ネジ部の順となっています．

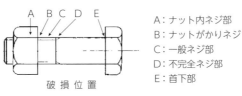

図1-5-6 遅れ破壊の発生位置

高力ボルトの遅れ破壊は，まず昭和40年代後半にF13Tボルトで問題となり，その後昭和50年代にはF11Tでも発生が確認されました．しかし，首都高速道路公団による損傷調査結果[1]によると，その発生率は高くて0.9%，平均的には0.2%程度であり，構造物の強度低下に直接つながるものではないと考えられます．ただし，都市内高架橋等では，破損したボルトが落下して第三者被害を生じるおそれがあり，その点に関する対策が必要となることがあります．

3) 溶 接

溶接とは，2個以上の部材の接合部に，熱または圧力もしくはその両者を加え，必要があれば適当な溶加材を加えて，接合部を連続性を持つ一体化された1つの部材とする接合方法のことです．融接，圧接，ろう付けに分類できますが，鋼構造の接合には一般に接合部を溶かし，圧力を加えないで接合する融接が用いられます．最もよく用いられるのはアーク溶接です．母材と溶加材（溶接棒や溶接ワイヤ）または電極との間にアークを発生させ，その熱で両者を溶融，融合させて作った溶融金属を凝固させることで接合する方法です．

溶接継手は，溶け込みの程度によって，完全溶け込み溶接，部分溶け込み溶接，すみ肉溶接に分類できます．完全溶け込み溶接と部分溶け込み溶接では，一般に板の接合面に開先加工がなされます．そのため，開先溶接と呼ばれることもあります．表1-5-3には溶接継手の形式を

表1-5-3 溶接継手の形式

	突合わせ継手	十字継手	角継手	当て金継手	重ね継手	へり継手
開先溶接	▨	▨	▨			▨
すみ肉溶接		▨	▨	▨	▨	
せん溶接				▨	▨	
スロット溶接				▨	▨	

まとめて示します．

溶接部は**図1-5-7**に示すように，溶接金属（WM: Weld Metal, Depo: Deposit metal），熱影響部（HAZ: Heat Affected Zone），ボンド部（Bond），母材原質部（BM: Base Metal）から構成されます．同図下部には，ビッカース硬さ試験の結果の一例も示されています．溶接金属は溶接ワイヤと母材の一部が短時間に溶融凝固した部分であり，母材側から凝固が始まり，中心に向かって結晶が成長しています．熱影響部は溶融していませんが，アーク熱の影響で組織や性質が変化した母材部分です．焼入れ効果で硬化しているため，もろく割れやすい性質を持ちます．熱処理されている調質鋼の場合には軟化する部分です．ボンド部は溶接金属と熱影響部の境界です．母材の一部が溶融し，結晶粒が非常に大きく，粒界がきわめて明瞭です．

熱影響部の硬化の程度は炭素量と合金元素に依存しますが，鋼材の硬化性を示す指標として，次式で定義される炭素当量 C_{eq} が用いられています．

$$C_{eq}(\%) = C + Mn/6 + Si/24 + Ni/40 + Cr/5 + Mo/4 + V/14 \tag{5.1}$$

また，溶接時における鋼材の割れやすさを示す指標として，次式で定義される溶接割れ感受性組成 P_{CM} が用いられています．

$$P_{CM}(\%) = C + Si/30 + Mn/20 + Cu/20 + Ni/60 + Cr/20 + Mo/15 + V/10 + 5B \tag{5.2}$$

いずれもその値が小さいほど溶接性がよい材料と判断されます．

溶接割れには高温割れと低温割れがあります．低温割れは，200℃以下の温度になってから発生する割れであり，溶接後しばらくたってから，HAZに発生します．粗粒域に硬くてもろいマルテンサイト組織が生じるほど発生しやすくなります．発生要因として，溶接熱による熱影響部の硬化が大きいこと，硬化部に一定値以上の応力が作用すること，一定値以上の水素が存在することなどが挙げられます．高温割れは，P（リン），S（硫黄）などによる低融点化合物の生成で延性の低下をきたした部分に，凝固直後の収縮応力が作用し，結晶粒界が割れたものです．

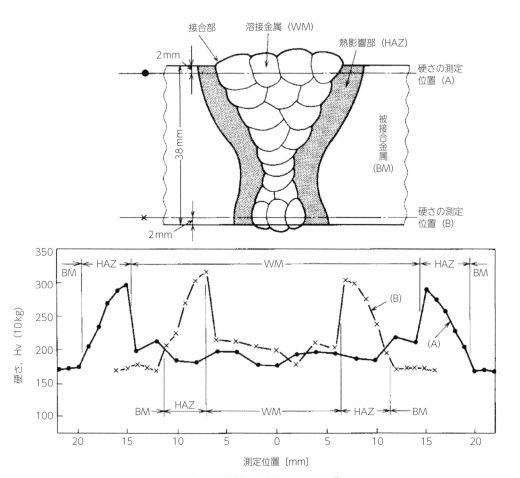

図1-5-7 溶接部の構成と硬さ分布[2]

(3) 合成桁と非合成桁

　鋼は高い材料強度を有するものの材料費が高いため，薄肉な鋼板を溶接組立てした鋼部材が用いられます．しかし，過大な圧縮力の作用により薄肉部材に座屈が発生すると強度が急激に低下する特徴があります．一方，コンクリートは鋼に比べて安価ですが，重量が大きく，引張強度が圧縮強度に比べて小さい（一般には10分の1程度）特徴があります．単純桁では，自重と通行荷重により断面に曲げが作用し，上面には圧縮力，下面には引張力が作用することから，**図1-5-8（a）**に示す合成桁では，上側に圧縮に強い鉄筋コンクリート床版，下側に引張に強い鋼桁を配置することによって，互いの材料の欠点を補い，それぞれが有している長所を有効活用しています．

　合成桁では，鉄筋コンクリート床版が主桁の役割を担うとして設計し，応力やたわみを小さくできる合成効果を期待します．そのため，せん断力の作用に対して鋼とコンクリートの間にズレが生じず一体となり挙動するよう，上フランジ上面にずれ止めを配置します．機械的ずれ止めには，**図1-5-9（a）**に示す溶接施工性に優れた頭付きスタッド，**図1-5-9（b）**に示す孔の内部に充填されたコンクリートで付着をとる孔あき鋼板ジベル（パーフォボンドリブ）をはじめ，

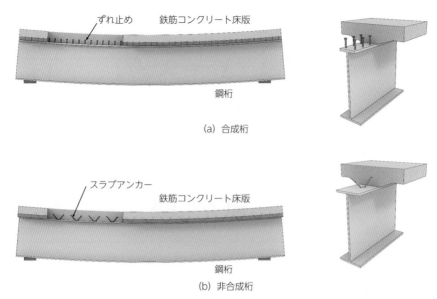

図1-5-8　鉄筋コンクリート床版を有する鋼桁橋（合成桁橋・非合成桁）の例

図1-5-9　主なずれ止めの種類

ブロックや形鋼を切断・溶接したものなど，様々な種類があります．

　一方，鉄筋コンクリート床版が主桁の役割を担わない設計の場合を，非合成桁（図1-5-8 (b)）と呼び，上フランジには図1-5-9 (c) に示すようなスラブアンカーが配置されます．非合成桁では，鋼桁のみが曲げやせん断に抵抗するよう鋼桁の断面が設計され，合成桁に比べ上フランジの幅が広くなります．

　なお，鋼桁に鉄筋コンクリート床版が取り付けられると，合成効果（ずれ止めやスラブアンカーの性能が大きく影響）に加え，鋼桁上フランジが薄肉であっても鉄筋コンクリート床版により変形が拘束されるため上フランジには座屈は生じません．しかし，架設時や補修時など，床版が取り除かれた状態では合成効果が期待できず，曲げによる圧縮力が上フランジに作用するため，座屈が生じないよう，上フランジの板幅，板厚を設計したり，ウェブに補強材を設置するなどの配慮がなされます．

5-2-2　コンクリート構造
(1) 鉄筋コンクリートが成立するための基本条件

鉄筋コンクリートはコンクリートと鉄筋という2つの異なる材料がお互いの長所を活かし，短所を補い合って外力に抵抗する複合構造です．機械工学のテキストでも組合わせはりの例としてよく取り上げられています．

鉄筋コンクリートが成立するための基本条件は，以下の3つです．

① コンクリートと鉄筋の付着が十分であること

　　鉄筋の表面にはリブやフシといった突起があり，その周りをコンクリートが取り囲むことで，両者が付着し，引張力を鉄筋にしっかりと伝えることができます．

② コンクリート中の鉄筋はさびにくいこと

　　コンクリートは通常pH12〜13のアルカリ性であるため，鉄筋の周囲に不動態被膜が形成され，これにより鉄筋がさび（腐食）から守られています．

③ コンクリートと鉄筋の熱膨張係数がほぼ等しいこと

　　コンクリートと鉄筋の熱膨張係数は，ほぼ10×10^{-6}/℃で，そのため任意の温度変化に対し，両者が一体となって挙動することができます．

逆に言えば，これらの3つの条件が損なわれると，鉄筋コンクリートの安全性や耐久性が損なわれることになります．

(2) プレストレストコンクリートの分類

プレストレストコンクリートは，プレストレスを与える方法と大きさによって以下のように分類されます．

1) プレテンションとポストテンション

プレストレスを与える方法としては，プレテンションとポストテンションがあります．プレテンションは型枠中にあらかじめPC鋼材を配置し，PC鋼材を緊張した状態でコンクリートを打ち込み，コンクリートが硬化した後に，PC鋼材の緊張力を解放することで，PC鋼材が縮もうとする作用によってコンクリートに圧縮力を導入する方法です．PC鋼材からコンクリートへの力の伝達は両者間の付着によって行われます．

一方，ポストテンションはコンクリート中にPC鋼材を配置する空洞（シースを用いるのが一般的）を設けておき，コンクリートが硬化した後にPC鋼材を配置，緊張し，部材端部で定着具（ナットや楔）によってPC鋼材をコンクリートに定着します．緊張されたPC鋼材は縮もうとしますが，両端がコンクリートに定着されているため，PC鋼材の緊張力の反力（圧縮力）がコンクリートに作用することになります．さらにポストテンションの場合には，プレストレス導入後，PC鋼材とシースの空隙にグラウトを注入することでPC鋼材とコンクリートを付着させる場合と，両端部で定着するのみでPC鋼材とコンクリートを付着させない場合（アンボンド）があります．また，PC鋼材を断面の外に配置する場合があり，これを外ケーブル方式と呼びます．各プレストレス方式の概略図を**図1-5-10**に示します．

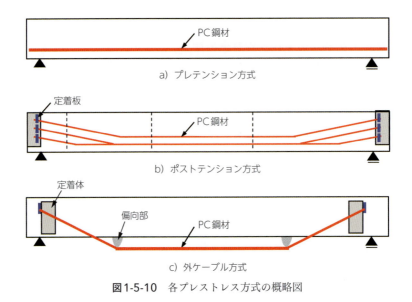

図1-5-10　各プレストレス方式の概略図

2）PC構造とPRC構造

　PC構造は，導入するプレストレスの大きさによって2種類に分けられます．供用時に部材中に引張応力が生じないようにプレストレスを与えておくことをフルプレストレッシング，引張応力の発生は許容するが，ひび割れは許容しないようにすることをパーシャルプレストレッシングと呼びます．

　PRC構造は，供用時にひび割れを許容するもので，プレストレスの大きさと鉄筋の配置によってひび割れ幅を制御する構造です．この方式によれば，永続荷重作用下ではひび割れの開口を許さないか，あるいは軽微となるようにし，活荷重作用時のみひび割れの開口を許容することが可能となります．これにより，RC構造よりもより耐久的な構造物が実現できると考えられています．

5-3 鋼構造とコンクリート構造の壊れ方

5-3-1 鋼 構 造
(1) 概 要

鋼はコンクリートに比べ高い強度とヤング係数，広い弾性範囲を示し，構造が合理化・軽量化され，製作，運搬，および架設の扱いが有利になることから，部材や構造物の材料として用いられます．しかし，鋼は酸化第二鉄を脱酸・還元して製鋼されるため材料的に腐食しやすく，塗装などによる防食が欠かせません．また，鋼部材は薄肉な鋼板を溶接し組み立てた集成部材であるため，座屈や溶接部近傍における疲労亀裂などの損傷が生じやすく，腐食による著しい断面欠損は，座屈や亀裂の発生，部材破断につながる危険性が増します．

そこで，以下では，鋼構造の特徴的な損傷を取り上げます．

(2) 降伏・破断

鋼材の材料強度の指標として，降伏点や引張強さがあります．例えば，JISに規定されるSS400鋼（軟鋼）は，引張強さ$\sigma_U \geq 400\,\text{N/mm}^2$が保証された鋼材です．降伏点や引張強さは，鋼材から切り出した引張試験片にJISに定められた試験条件で引張荷重を与える引張試験により得られます．引張試験により得られる応力（＝引張荷重÷試験片の断面積）－ひずみ曲線（**図1-5-11**）は，降伏点に至るまでは線形関係を示し，この傾きをヤング係数または弾性係数と言います．弾性範囲ではフックの法則$\sigma = E\varepsilon$が成り立ち，変形も外力が取り除かれると元に戻ります．降伏点，引張強さ，伸びなどとは異なり，ヤング係数は鋼種による違いが明瞭にあらわれない

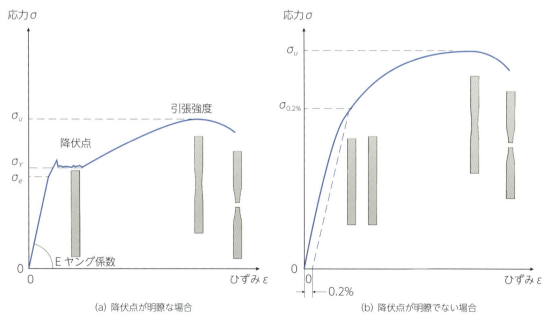

図1-5-11　応力－ひずみ曲線

め，設計では鋼種に関係なく $E=2.0×10^5\,\mathrm{N/mm^2}$ を用います．しかし，応力が弾性限度 $σ_e$ を超え，設計強度の基準となる降伏点 $σ_Y$ に達すると，外力を取り除いても変形は元に戻らず，ひずみが残留します．さらに変形が進むと，引張強さ $σ_U$ を経て，試験片にくびれが生じ，最終的には破断します．SS400材では，$σ_Y=235\,\mathrm{N/mm^2}$ なので降伏ひずみ $ε_Y$ は 0.001175（0.11％の変形）となり，軸方向に引張力を受ける10mの部材であれば約11.7mmだけ変形したとき降伏となります．

軟鋼よりも高い降伏点および引張強さを示す高張力鋼やPC鋼材などで，**図1-5-11（b）** に示すように，応力－ひずみ曲線に降伏点が明瞭に確認できない場合には，残留ひずみが0.2％に相当する応力を見かけの耐力 $σ_{0.2\%}$（0.2％オフセット耐力）として降伏点が算定されます．

腐食や疲労により断面が欠損すると，その断面の応力が大きくなり，疲労亀裂の進展や破断などの危険性が高まります．また，切欠きや傷の存在，低温，衝撃力の作用などの条件が重なると，鋼材は負荷応力がその材料の降伏点よりはるかに低いレベルであっても極めてもろい破断現象を示すことがあり，寒冷地で鋼材を用いる場合，高張力鋼や板厚の非常に厚い鋼材を使用する場合には，このぜい性破断に注意を要します．

（3）座　　屈

部材に過大な圧縮力が作用すると，圧縮力の作用方向と異なる方向に部材が変形して，急激に耐力を失う座屈が生じます．座屈は，部材全体が座屈する全体座屈と部材を構成する板が狭い範囲で座屈する局部座屈（特に薄肉な鋼部材に生じやすい）に分類されます．**図1-5-12** は，圧縮力が作用するI形部材の全体座屈（弱軸方向にたわむ），I形部材上フランジの局部座屈，せん断力が作用するI形部材ウェブのせん断座屈（局部座屈の一種）を示しています．この状態からさらに圧縮力が加わり変形が大きくなると，局部座屈が先行して生じた場合には全体座屈が，全体座屈が先行して生じた場合には局部座屈が連成して生じることもあります．このような座屈が生じると部材強度が急激に失われるため，座屈により落橋に至った事故も度々発生しています．地震時には座屈が生じたとしても，構造物全体への影響ができるだけ小さくなるよう工夫するなど，注意を要します．いつ座屈が発生するのか？が設計での着目となり，座屈が生じないような形状寸法を設計します．

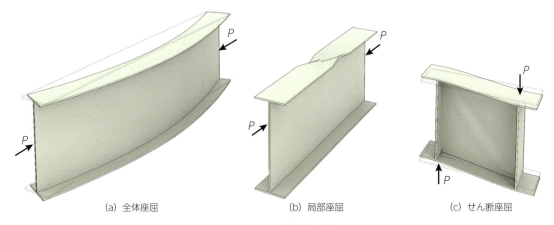

図1-5-12　I形部材の座屈

まず，柱の全体座屈を見てみましょう．図1-5-13は部材軸方向に圧縮力Pを受ける柱のP-たわみw曲線を示しています．太くて短い柱では，座屈が生じにくく，柱の強度は降伏点σ_Yと断面積Aから計算される降伏強度$P_Y(=\sigma_Y \times A)$が期待できます．しかし，細長い柱の場合には，P_Yに到達する以前に全体座屈が生じてたわみwが増大するため，降伏点の高い材料を用いる場合であってもP_{cr}までの強度しか発現しません．このP_{cr}を座屈荷重と言います．

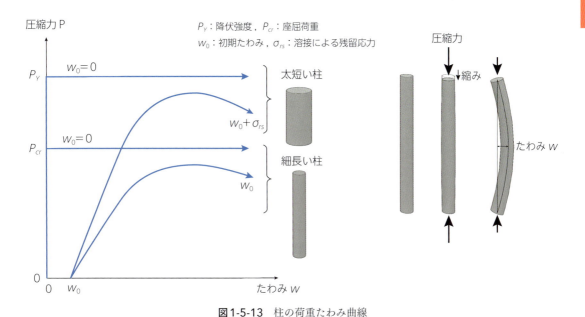

図1-5-13 柱の荷重たわみ曲線

初期不整（初期たわみw_0や溶接による残留応力σ_{rs}）を考慮しない場合，理論的にはP_{cr}は次式により与えられます．このP_{cr}をオイラーの座屈荷重と言います．

$$P_{cr} = \frac{\pi^2 EI}{l_e^2} \tag{5.3}$$

l_eは柱両端の変形の拘束を考慮した座屈に寄与する柱の長さ（座屈長）で，例えば，長さがlの柱でも，トラス橋の弦材のように柱両端がピン支持された場合は$l_e=l$，標識柱などのように片方の地面側が固定と見なせる柱では$l_e=2l$となり，l_eの2乗に反比例してP_{cr}は小さくなります．ただし，実際の柱は初期不整を有しており，初期不整が大きいほど，かつ断面二次半径rが小さい（例えば，断面二次モーメントの小さい弱軸まわり）ほど座屈が生じやすく（座屈荷重P_{cr}が小さく）なります．設計では，細長比l_e/rがおおよそ15以下（鋼種により変わる），細長比パラメータλが0.2以下（鋼種により不変）の柱部材には全体座屈が生じないものと見なしています．そのため，部材の製作誤差に許容値（制限値）を設けるとともに，部材をK形やX形に配置してl_eを小さくしたり，I形ではなく箱形の断面形状を採用するなど，細長比l_e/rが小さくなるよう柱部材を設計します．細長比パラメータと断面二次半径の算定式を以下に示します．

$$\lambda = \frac{1}{\pi}\sqrt{\frac{\sigma_Y}{E}}\frac{l_e}{r} \qquad r = \sqrt{\frac{I}{A}} \tag{5.4}$$

次に，鋼部材を構成する板の局部座屈を見てみましょう．**図1-5-14**は，例えば中空の四角断面柱を構成する板が面内に圧縮力を受ける場合の圧縮応力σとたわみw曲線を示しています．柱が細長比が小さいと座屈しないのと同様に，板幅bに対して板厚tが大きい板（幅厚比b/tが小さい厚い板）は座屈せず，降伏点までの強度が期待できますが，板幅に対して板厚が小さい板（b/tが大きい薄い板）では，初期不整が大きいほど座屈応力σ_{cr}が小さくなります．局部座屈を防止するためには，板厚を増やすよりも板に曲がりが生じにくいように剛性を増やすほうが効率が良いため，補剛材を用いる方法が採られ，薄板に縦方向あるいは横方向に補剛材を溶接した補剛板構造も採用されています．この補剛材も板であり，板はI形断面のフランジやウェブなどにも用いられます．その座屈の生じやすさはb/tだけでなく，板が他の部材に囲まれているかどうか，圧縮や曲げを受けているかなど，板の支持条件や荷重条件により異なるため，それらの条件を考慮して座屈応力を計算する必要があります．

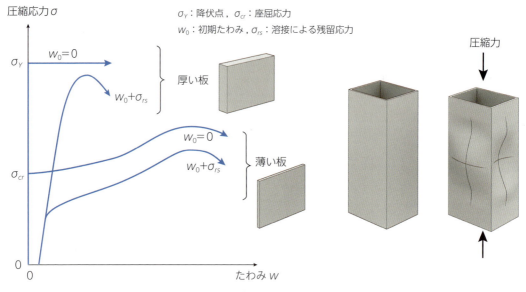

図1-5-14 板の応力たわみ曲線

さらに，曲げを受けるI形断面はりの変形を見てみましょう．はりが曲げモーメントを受けると，はりには，**図1-5-15（a）**に示すように中央断面が鉛直方向にたわむ曲げ変形が生じます．上フランジには圧縮力が作用しますので，**図1-5-12（b）**に示したように上フランジに局部座屈が生じる場合があります．しかし，上フランジに局部座屈が生じない場合にも曲げ変形が生じているうちに，**図1-5-15（b）**に示すように急に横方向にも移動してはりがねじれる横倒れ座屈が生じることがあります．上フランジの断面が小さいI形部材や偏心した荷重を受けるはりに横倒れ座屈が生じやすいため，横倒れ座屈を防止するには，隣り合うI形の桁同士を

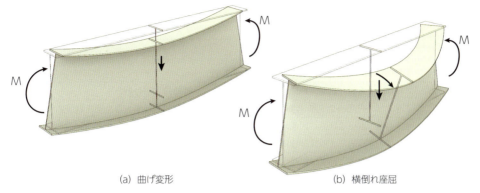

(a) 曲げ変形　　　　　　　　　(b) 横倒れ座屈

図1-5-15　曲げを受けるはりの変形（曲げ変形，横倒れ座屈）

対傾構や横構でつなぐ，床版により上フランジの変形を拘束する，ねじりに抵抗できる箱形断面（ダイヤフラムも必要）を用いる，などの方法が採られます．

　柱や板，はりの座屈を見てきましたが，近年では，製作や施工の有利さから座屈による強度低下が生じない厚板の部材をI桁のフランジ等に用いる場合もあります．しかし，多くの材料を必要とし重量も大きくなるため，一般には，初期たわみの程度を部材の製作許容値により制限することによって，また，柱部材には細長比 l_e/r（あるいは細長比パラメータλ），板には幅厚比 b/t（あるいは幅厚比パラメータ）にそれぞれ制限値を設けることによって，座屈が生じないように部材を設計・製作します．既設構造部材に対しては座屈強度を高めるための補強や，架設・施工時や補修時には一時的に補強部材を設置するなどの対策が採られます．

　一方，座屈変形を生じさせるためには大きい加力が必要です．このとき，繰返し変形に対して鋼材に割れや破断が生じないよう座屈変形をうまく制御できると，繰返し変位に対して安定したエネルギー吸収を期待することができます．この性質を利用して，座屈拘束ブレース型やせん断パネル型などの鋼製ダンパーが提案され，耐震補強に用いられています．

（4）腐　　食

　一般に，さびとは「鉄表面に生成する水酸化物または酸化物を主体とする化合物」のことです．広義には，金属表面にできる腐食生成物を指すこともあります．一方，腐食は金属がそれを取り囲む環境物質によって，化学的または電気化学的に侵食をされるか，もしくは材質的に劣化する現象のことです．

　鉄の腐食は，常温状態において水と酸素の存在下で生じるものであり，鉄がイオン化して水の中へ溶解する電気化学的反応です．その進行速度は，溶存酸素，pH，温度，溶存塩類等に影響されます．腐食の因子と要因を**表1-5-4**にまとめて示します．

　鋼構造物に適用される防食方法は，被覆，耐食性材料の使用，環境改善，電気防食の4つに大別できます．そのうち，被覆法である塗装・溶融亜鉛めっき・金属溶射，耐食性材料である耐候性鋼材が主に使用されています．

　防食性能の劣化およびそれに伴う腐食は構造形式，部材形状，構造物周辺の環境などによりその進行程度が異なります．しかし，一般に塗膜厚が不足する部材の鋭角部やフランジ下面，

表 1-5-4　腐食の因子と要因[3]

腐食因子		水，酸素
腐食促進因子		日照，気温，塩分 自動車の排気ガス，工場からの排出物，火山性ガス：局地的 酸性雨：近年影響が懸念
地理的 ・地形的要因	塩	風向，風速，風道，遮蔽物，離岸距離，凍結防止剤の散布
	水	閉塞的な空間（都市部では建築物，山間田園部では樹木等に囲まれ湿気が滞留）
	その他	重交通路線，工業地帯，火山地帯，飛砂
・構造的要因	塩	降雨による洗浄作用，凍結防止剤散布路線の並列橋，凍結防止剤を含んだ漏水
	水	漏水，滞水，桁端部の閉塞部，桁下空間が少ない

　素地調整が不十分になったり，塗膜厚が不均一になりがちなボルト継手部や溶接部，雨水やほこりがたまったり湿気がこもりやすい伸縮装置周辺部や支承等で塗膜劣化や腐食が生じやすいことが知られています．**写真 1-5-2** は桁端付近における腐食損傷の事例を示しています．**図 1-5-16** に示すような腐食マップも作成されています．

　腐食により断面欠損が生じると，構造安全性が損なわれる可能性があります．一方，防食性能が劣化し表面に薄いさびが発生しても，構造物の安全性を即座に脅かすことはありませんが，耐久性が損なわれることになります．

写真 1-5-2　桁端付近における腐食損傷の事例

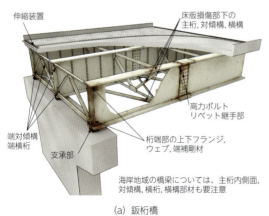 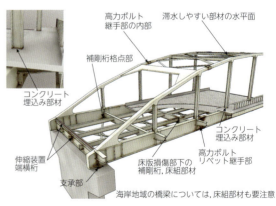

(a) 鈑桁橋　　　　　　　　　　　　　　(b) 下路アーチ橋

図 1-5-16　腐食マップの例

(5) 疲　労

　疲労は応力が繰返し作用することによって生じる破壊現象で，降伏点あるいは引張強さよりはるかに低い応力でも発生します．構造的な応力集中部や溶接欠陥などから亀裂が発生し，応力の繰返しに伴ってそれが進展します．亀裂があるサイズに成長すると，ぜい性破壊あるいは断面減少による不安定破壊により部材が破断することになります．

　疲労亀裂の進展は，亀裂先端部近傍の応力状態を表す応力拡大係数 K の変動幅 ΔK によって支配されており，一般に亀裂進展速度（da/dN）と応力拡大係数範囲 ΔK との関係は，図1-5-17 に示すようになります．すなわち，いくら応力を繰り返しても亀裂が進展しない領域 I，da/dN–ΔK 関係が両対数軸上で直線となる領域 II，および急激に亀裂が進展する領域 III に分けられます．亀裂が進展するか否かの境界となる応力拡大係数範囲 ΔK_{th} を疲労亀裂進展下限界応力拡大係数範囲，領域 II の関係を表す以下の式を Paris 則と言います．

$$\frac{da}{dN} = C(\Delta K)^m \tag{5.5}$$

ここに，C, m は材料定数です．また，領域 I と II をカバーする進展則として，

$$\frac{da}{dN} = C(\Delta K^m - \Delta K_{th}^m) \tag{5.6}$$

が用いられることもあります．

　溶接継手試験体に対して，破断するまで一定振幅の応力を繰り返し作用させ，その応力範囲と破断に至るまでの回数（破断寿命）を両対数グラフ上にプロットすると，図1-5-18 に示すような関係が得られます．この関係は右下がりの直線で近似され，疲労寿命曲線あるいは S–N 線図と呼ばれています．右下がりの直線関係は，破断寿命 N が応力範囲 S_r のべき乗（溶接継手では一般に3乗程度）と反比例関係にあることを示しています．ただし，いくら応力を繰り返し作用させて

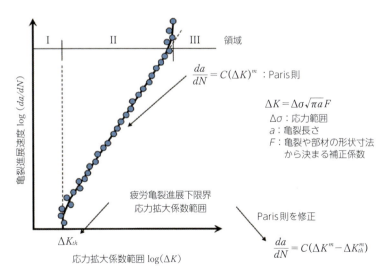

図1-5-17　疲労亀裂進展曲線

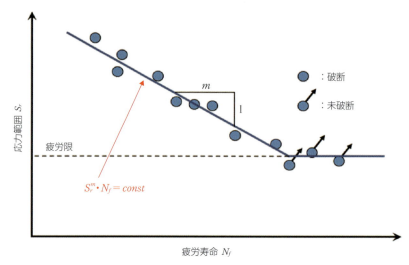

図1-5-18　S-N線図

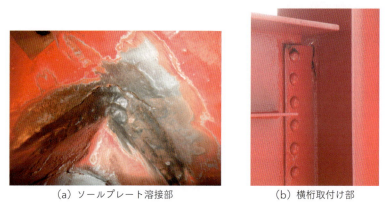

（a）ソールプレート溶接部　　　　（b）横桁取付け部

写真1-5-3　疲労亀裂の発生事例

も疲労破壊しない応力範囲（ΔK_{th}に対応）が存在し，これを疲れ限度あるいは疲労限と言います．

過去に報告されている損傷発生事例[4]をみると，

- 桁橋では対傾構・横桁と主桁の接合部，桁端の切欠き部，ソールプレート部に，
- アーチ橋やトラス橋では補剛桁・トラス弦材と横桁の接合部，縦桁と横桁の接合部等の床組，アーチ橋の垂直材上下端の接合部に，
- 鋼床版では輪荷重走行位置直下の溶接部（Uリブの突合わせ溶接部，横リブと縦リブの交差部，垂直補剛材とデッキプレートの溶接部）に，

それぞれ疲労損傷が発生しやすいことが分かります．疲労亀裂の発生事例を**写真1-5-3**に示します．

5-3-2 コンクリート構造
(1) 鉄筋コンクリート構造（RC構造）
1) 曲げを受ける鉄筋コンクリートはり（RCはり）の挙動

単純支持された鉄筋コンクリートはりおよび，無筋コンクリートはりがスパンの中央に荷重 P を受ける場合を考えましょう．

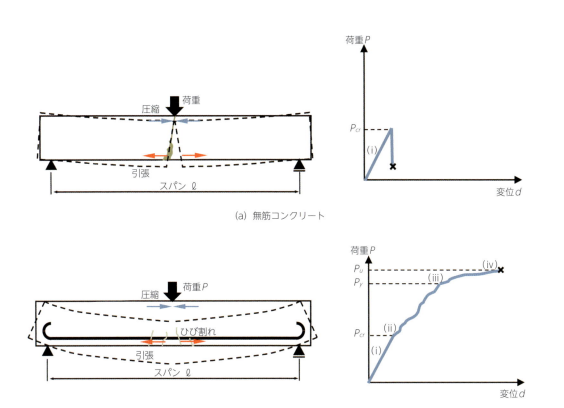

図1-5-19　曲げを受けるコンクリートはりの挙動

《曲げひび割れ発生まで》

荷重 P が増加し，作用曲げモーメントが増加していくと，曲げモーメントが最大となるスパン中央の下縁に曲げひび割れが発生します．この曲げひび割れが発生するまでは，鉄筋コンクリートは弾性体と考えてもよく，荷重とたわみ，曲げモーメントと曲率などの関係は線形となります．断面の応力状態は**図1-5-20**の（i）のように曲げを受けるはりと同様の三角形分布となります．

曲げひび割れ発生前は，曲げ応力 σ は弾性理論に従って算定されます．通常の鉄筋コンクリート断面の場合，配置されている鉄筋の量は断面積の1%程度で，相対的に少ないので，一般に断面に配置されている鉄筋の影響は無視して算定されます（**図1-5-21**）．

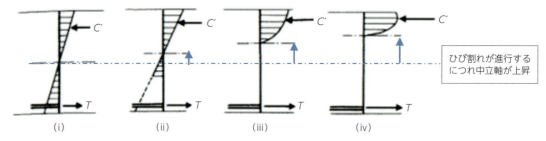

図1-5-20　RCはり断面の応力状態の推移[5]

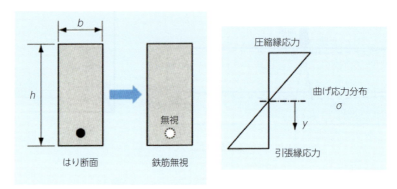

図1-5-21　ひび割れ発生前の応力分布[6]

《曲げひび割れ発生から鉄筋の降伏までの領域》

　部材の曲げひび割れ発生後，鉄筋がないと，図1-5-19の無筋コンクリートのように，はりは直ちに破壊します．変形能に富んだRC構造とするためには，少なくとも，曲げひび割れ発生荷重に抵抗するだけの鉄筋（最小鉄筋）を配置しておくことが必要です．

　コンクリートの引張抵抗は，ひび割れ位置で消失，ひび割れ間（ひび割れとひび割れの間）では鉄筋との付着により残存し，平均的にはひび割れ発生以後も図1-5-20の（ii）のようにコンクリートの引張抵抗は0になりませんが，実務計算では，ひび割れ発生以後，コンクリートの引張抵抗を完全に無視した簡易計算が慣用的に行われています．

　したがって曲げひび割れ発生から鉄筋の降伏までの領域，図1-5-20の（ii）では，図1-5-22のように平面保持（ひずみの直線分布），鉄筋とコンクリートの完全付着，コンクリートは引張に抵抗しないと仮定して計算されます．

《曲げ破壊時》

　図1-5-20（iii）のように鉄筋が降伏した後，コンクリートは曲げ破壊に近づきますが，そのときにははりの上縁の圧縮側コンクリートの応力–ひずみ関係が弾性状態ではなくなります．応力–ひずみ曲線はコンクリートの圧縮強度，作用する応力レベルなどによって変化しますが，ピーク付近まではほぼ単調に増加します．

　ピークに近づくにつれて，コンクリートの応力–ひずみ曲線は図1-5-20（iv）のように非線形性を示します．ピーク到達後の応力–ひずみ関係は測定が不安定になる場合に対しても多くの

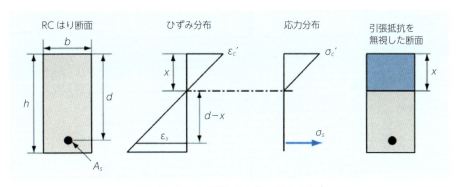

図1-5-22　ひび割れ発生後の応力分布[7]

モデルが提案されています．

曲げ破壊時では，平面保持（ひずみの直線分布），鉄筋とコンクリートの完全付着は，鉄筋降伏前までと同じ仮定です．鉄筋は降伏していると考えられるので，降伏後の鉄筋の応力–ひずみ関係を用います．そのときの圧縮応力の応力分布は等価応力ブロックという計算法が提案されています．現在では，図1-5-23に示すように応力の大きさを$0.85 f_c'$，高さを$0.8x$とすることが推奨されています．

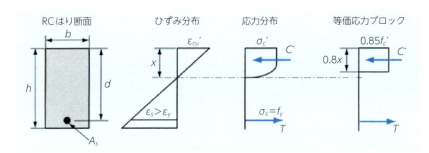

図1-5-23　鉄筋降伏以降の応力分布[8]

2）せん断力を受けるRCはり部材の破壊挙動

a．せん断変形と斜めひび割れの発生

図1-5-24に示すような2点集中荷重を受けるはりを想定します．中央の載荷点間は曲げモーメントのみが作用し，せん断力は作用しません．そのため，この区間を曲げスパンと呼ぶことがあります．一方，載荷点と支点間は曲げモーメントも作用しますが，せん断力が作用しますのでこの区間をせん断スパンと呼びます．図中に示すように，曲げモーメントによる変形（曲げ変形）が圧縮側の縮みと引張側の伸びであるのに対して，せん断力による変形（せん断変形）は，元は長方形であったものが平行四辺形になるような（角度が変化する）変形です．変形前後の長方形と平行四辺形を比べると，対角線の長さは一方は縮み，一方は伸びます．すなわち，せん断変形は角度変化の変形ですが，視点を変えると縮みと伸び（圧縮と引張）の組合わせと見ることができます．したがって，せん断スパンの腹部では斜め方向（載荷点と支点を結ぶ方向）に圧縮応力が，そ

第1編　メンテナンスに必要な構造工学

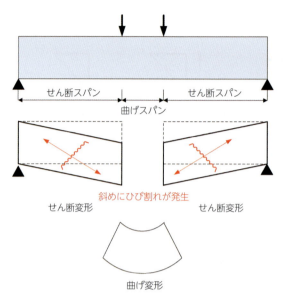

図1-5-24　RCはり部材における斜めひび割れの発生

れと直交する方向に引張応力が発生することになります．このとき，引張応力がコンクリートの引張強度を超えればひび割れが発生することになり，これを斜めひび割れ，あるいはせん断ひび割れと呼んでいます．

b．せん断破壊

　図1-5-25にRCはりのひび割れ挙動と荷重−たわみ曲線を示します．前述したとおり，荷重が作用するとまずは，曲げモーメントが最大となる曲げスパンの下縁から曲げひび割れ（鉛直方向のひび割れ）が発生します．その後，荷重と増加とともに，ひび割れの本数，ひび割れ幅が増加し，せん断スパンにも曲げひび割れが発生します．せん断スパンの腹部においては，a．で説明したとおり斜め方向に引張応力が作用するため，曲げひび割れは徐々に載荷点方向に傾いてき

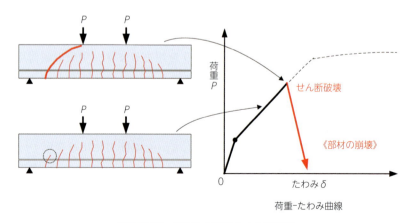

図1-5-25　RCはり部材のせん断破壊

ます．これを曲げせん断ひび割れと呼びます．このとき，軸方向鉄筋が降伏すれば，図中の破線のとおり，曲げ破壊に至ります．ところが，引張鉄筋が十分に配置されていると，鉄筋が降伏する前にせん断スパンにおいて斜めひび割れが一気に進展してはりが崩壊することがあります．これをRCはりのせん断破壊と呼んでいます．この破壊はぜい性的で，鉄筋が降伏する以前に生じるため，たわみも小さく破壊の予兆がとらえにくいため，RCはり部材の設計ではせん断破壊を避け，曲げ破壊するようにするのが基本です．

c. せん断スパン比と破壊モード

RCはり部材のせん断破壊モードおよび耐力は，図1-5-26に示すようにせん断スパン比の影響を受けることが知られています．ここで，せん断スパン比（a/d）とは，せん断スパン長（a）と断面の有効高さ（d）の比率です．

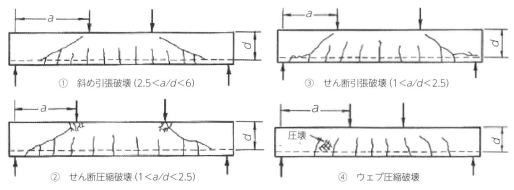

図1-5-26　せん断破壊形式

このような，せん断破壊形式の相違は，コンクリートの圧縮強度や引張鉄筋比（鉄筋面積を有効断面で除したもの：As/bd）および断面の有効高さ（圧縮縁から引張鉄筋中心までの高さ：d）やせん断スパン比（支点から荷重作用位置までの距離を有効高さで除したもの：a/d），断面の形状寸法など多岐にわたっています．一般的には，スパン長が短く桁高が大きくなるにつれて，せん断破壊の傾向は強くなります（図1-5-27参照）．

コンクリート桁に発生するせん断ひび割れは，せん断補強筋（スターラップ筋）の配置などにより，曲げひび割れよりも発生事例が少ないですが，ぜい性的な破壊につながる構造的にも危険なひび割れです．架橋された橋梁で発生する条件としては，設計荷重以上の重交通車両の増大，地震発生による過大な水平力の発生などによって発生するケースです．

以上，ここまではせん断補強筋のない場合のせん断破壊挙動について説明してきましたが，設計において作用せん断力がせん断耐力を上回ることになれば，せん断補強をする必要がでてきます．以下ではせん断補強について説明します．

d. せん断補強

鉄筋コンクリートの基本的な原理は，コンクリートにひび割れが発生した後，それまでにコンクリートが負担していた引張力を鉄筋に移行し，その後さらに大きな引張力を鉄筋に負担さ

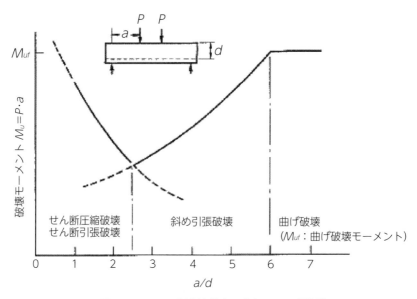

図1-5-27 せん断破壊形式・耐力とa/dの関係[9]

せるというものです．このことはせん断補強の場合も同じであり，せん断力が作用することで生じる斜め引張力に対して，これを鉄筋で負担するようにすればよいわけです．さらに簡単に言えば，せん断で生じた斜めひび割れが拡大しないように鉄筋を配置すればよいのです．したがって，力の方向だけからすれば斜めひび割れに対して直交する方向に鉄筋を配置するのが最も効率的です．しかしながら，実際には鉄筋を斜めに配置するのは，配筋作業の効率が悪く，通常は軸方向鉄筋に対して直角に鉄筋を配置します．また，せん断力の方向（正負）が変わると，斜めひび割れの方向も変わりますので，鉄筋を斜めに配置する場合には，せん断力の方向に十分に注意する必要があります．一方，軸方向鉄筋に対して直角に鉄筋を配置すれば，力学的には多少効率が悪くても正負どちらのせん断力に対しても同じように効きます．軸方向鉄筋に対して直角に配置するせん断補強筋を，はりの場合にはスターラップ，柱の場合には帯鉄筋と呼んでいます．

さて，せん断補強した場合のせん断耐力ですが，ここでは斜めひび割れが生じたはり部材を静定トラスでモデル化するトラス理論を紹介します．RitterとMörschによるトラス理論では，はりの耐荷機構を**図1-5-28**のようなトラス構造にモデル化します．ここで，曲げ圧縮部のコンクリートは上弦材，軸方向引張鉄筋は下弦材，せん断補強筋は引張材，斜めひび割れ間の腹部のコンクリートは圧縮斜材でモデル化されています．なお，曲げ圧縮合力が作用する位置が上弦材の位置であると仮定していることから，トラスモデルのはり高さは，モーメントアーム長jd（$j=1/1.15$）と等しいとします．また，斜めひび割れの角度を45°として圧縮斜材の角度も45°と仮定します．

図1-5-28の最下段の図ように斜めひび割れと平行な面で切断した自由物体図において鉛直方向の力のつり合いを考えます．1組のスターラップの断面積をA_w，水平間隔をs，応力は一様に

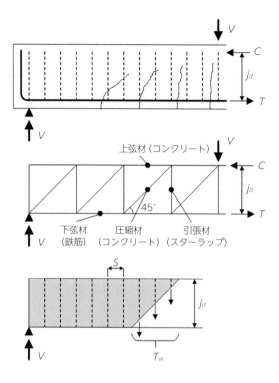

図1-5-28　せん断耐力のトラスモデル

σ_w であると仮定します．このとき，斜めひび割れを交差するスターラップの引張合力 T_w は次式となります．

$$T_w = n \cdot A_w \cdot \sigma_w \tag{5.7}$$

ここで，n は斜めひび割れを交差するスターラップの本数であり，

$$n = j_d/s \tag{5.8}$$

したがって，鉛直方向の力のつり合いから次式が得られます．

$$V = A_w \sigma_w j_d/s \tag{5.9}$$

スターラップの降伏によりせん断破壊が生じると仮定すれば，スターラップを配置したはりのせん断耐力 V_s は次式で与えられることになります．

$$V_s = A_w f_{wy} j_d/s \tag{5.10}$$

ここで，f_{wy} はスターラップの降伏強度です．

なお，トラス理論では圧縮部コンクリート，腹部のコンクリートともに圧壊しないこと，軸方向引張鉄筋が降伏しないこと，さらに，斜めひび割れを交差するスターラップがすべて降伏することが前提となっています．

以上のようにトラス理論は簡便ではありますが，その後の研究により，載荷実験で得られるせん断耐力に対して耐力を過小評価する傾向があることが明らかにされました．そこで，現在では修正トラス理論が用いられています．修正トラス理論の一例として，コンクリート標準示

方書では，トラス理論で過小評価されるせん断耐力分をV_cとして，せん断補強されたはりのせん断耐力V_yを次式により算出することとしています．

$$V_y = V_c + V_s \tag{5.11}$$

コンクリート標準示方書の修正トラス理論では，トラス理論で求められるせん断補強筋によるせん断耐力に対して過小評価分のせん断耐力を付加した点がトラス理論の修正点です．せん断耐力の付加分としては，圧縮部コンクリートによるせん断抵抗，ひび割れ面のかみあいによるせん断抵抗ならびに軸方向鉄筋のダウエル効果によるせん断抵抗が挙げられますが，それらの分担割合はよく分かっていません．しかしながら，実験で得られるせん断耐力V_yからせん断補強筋によるせん断耐力V_sを差し引くことで求められるV_cの値が，せん断補強筋のないはりの載荷実験で得られる斜めひび割れ発生耐力の値とほぼ等しいことが確認されています．そのため，コンクリート標準示方書では式（5.11）中のV_cに斜めひび割れ発生耐力の値を用いることにしていますが，式（5.11）中のV_cは決して斜めひび割れ発生耐力を意味したものではなく，V_sに対するせん断耐力の付加分であることに注意する必要があります．

3）ひび割れに対する考え方

メンテナンス技術者は，コンクリート構造物に生じるひび割れの点検・診断を行うこともあります．本節ではコンクリート構造物に発生するひび割れの発生メカニズム，考え方，種類等について概説します．

a．ひび割れの原理

前述のとおり，コンクリートは圧縮に強く，引張に弱い材料です．そのため，コンクリートは主として圧縮材として使われ，引張に対しては鋼材で補強することにより抵抗します．この考えに基づき現在土木構造物に広く用いられているものが鉄筋コンクリートです．

図1-5-29のように単純支持された鉄筋コンクリートはりに荷重が作用し，曲げを受けると，中立軸より上側で圧縮応力，下側で引張応力が発生します．コンクリートは圧縮に対しては十分抵抗できるものの，引張に対してはほとんど抵抗できないため，わずかな引張応力でひび割れが発生します．その際，引張側が鋼材により補強されていなければ，ひび割れは上縁に向かって一気に進展し，はりそのものが破壊してしまいますが，鉄筋コンクリートはりでは，引張

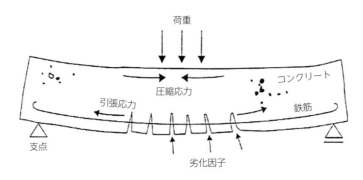

図1-5-29 鉄筋コンクリートはりに発生するひび割れ[10]

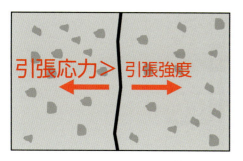 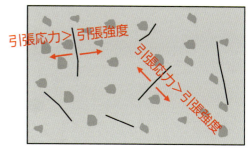

図1-5-30 巨視的ひび割れと微視的ひび割れ

に対して鋼材が抵抗するため,ひび割れ発生後もさらに大きな荷重に抵抗することが可能となります.

　図1-5-30のように,コンクリートに巨視的・微視的に引張応力が作用し,これがコンクリートの引張強度を上回るとひび割れが発生します.ひび割れの発生方向は引張応力の作用方向とほぼ垂直です.なお,巨視的なひび割れはマクロ(な)クラック(Macro-crack),微視的なひび割れはマイクロクラック(Micro-crack)と呼ばれることがあります.

b. ひび割れに対する考え方

　a.で述べたように,鉄筋コンクリートに発生する引張応力がコンクリートの引張強度を上回るとひび割れが発生しますが,引張に対しては鋼材が抵抗するため,ひび割れ後もより大きな荷重に対して抵抗することが可能です.つまり,ひび割れそのものは部材の耐荷力に大きく影響することはありません.それでは,ひび割れの何が問題なのでしょう? 問題は大きく分けて,以下の3点です.

　第一に,ひび割れによる美観の低下が挙げられます.例えばマンション購入時に外壁に多くのひび割れが見つかった場合,不動産屋が建物の構造上問題ないことを強調したとしても,客はひび割れを気にし,購入を見送る場合も少なくありません.このようにひび割れは美観を損ない,人々に不安感・不快感を与え,その結果,構造物の資産価値を落とすことになります.

　第二に,ひび割れによる機能性の低下が挙げられます.例えばタンクのように水密性が要求されるコンクリート構造物にひび割れが発生すると,そこから漏水し,構造物の機能を著しく損なうおそれがあります.建物の屋上やトンネルの覆工コンクリートにひび割れが発生することにより,雨漏りや地下水の漏水が生じる場合も同様です.

　第三に,ひび割れによるコンクリート構造物の耐久性の低下が挙げられます.コンクリートは本来密実な組織を持ち,容易に物質を通すものではありません.しかしながら,コンクリートにひび割れが発生すると,そこから容易にコンクリート構造物の耐久性上有害な物質が侵入することになります.例えば,図1-5-31のように,コンクリートにひび割れが入ると,中性化や塩害の劣化因子である二酸化炭素や塩化物イオンが容易にコンクリート中に浸入します.そして,これらの物質が鋼材位置に達し,鋼材表面の不動態皮膜を消失あるいは破壊させると,鋼材腐食を著しく促進させることになります.

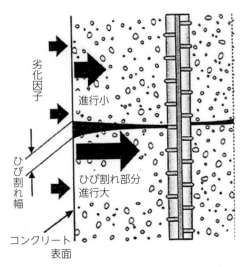

図1-5-31　ひび割れからの劣化因子の侵入[2]

　最近ではひび割れの問題のうち最後に挙げた耐久性上の問題が重視されるようになり，ひび割れがコンクリート構造物の耐久性低下につながらないよう，種々の対策が講じられています．
　前述のとおり，コンクリートは引張に弱い材料であるため，鉄筋コンクリート構造物にひび割れが発生することは理論上避けられません．したがって，鉄筋コンクリート構造物の設計にあたってはひび割れを許容しています．ただし，過大なひび割れは構造物の美観上，機能上，耐久性上の問題となるため避けなければいけません．具体的には，以下の条件が考えられます．
① 使用荷重作用時における過大なひび割れは許容しない．
② 施工段階で発生する巨視的なひび割れは許容しない．
　このうち，①については使用状態において規定されている許容ひび割れ幅を超える過大なひび割れは許容しないというものですが，言い換えれば，使用状態で想定されている荷重を超える場合（例えば地震荷重）にはひび割れを許容し，使用荷重作用時であっても環境条件により，所定のひび割れ幅以内であればひび割れを許容するというものです．一方，②については供用前の使用荷重（例えば自動車荷重等）が作用していない状態，つまり施工段階で発生する目視可能なひび割れについては許容しないというものです．逆に，施工段階時に発生する目で見えるか，見えないかのヘアクラック程度のものであれば許容し，ひび割れ誘発目地のようにあらかじめ想定した箇所にひび割れが入ることに対しては当然これを許容します．以上の考えに従い，許容できないひび割れが発生しないよう計画・設計・施工段階で適切なひび割れ対策を行い，許容できないひび割れが発生した場合には，適切な補修・補強を行う必要があります．

c．ひび割れの種類

　図1-5-32にひび割れの発生要因を示します．図より，ひび割れの発生要因を時系列的に整理すると，コンクリートの沈降，振動，型枠の変形，プラスチックひび割れ，水和熱，乾燥（自己乾燥），構造，鉄筋の発錆の順となり，それぞれがコンクリートの材料，配合（調合），設計，施工，気候，外力等と複雑に絡み合っているのです．

5-3 鋼構造とコンクリート構造の壊れ方

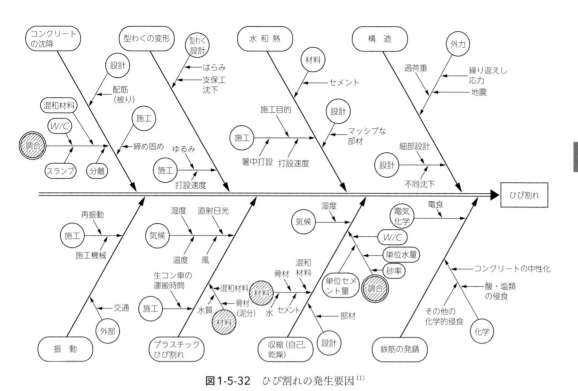

図 1-5-32 ひび割れの発生要因[11]

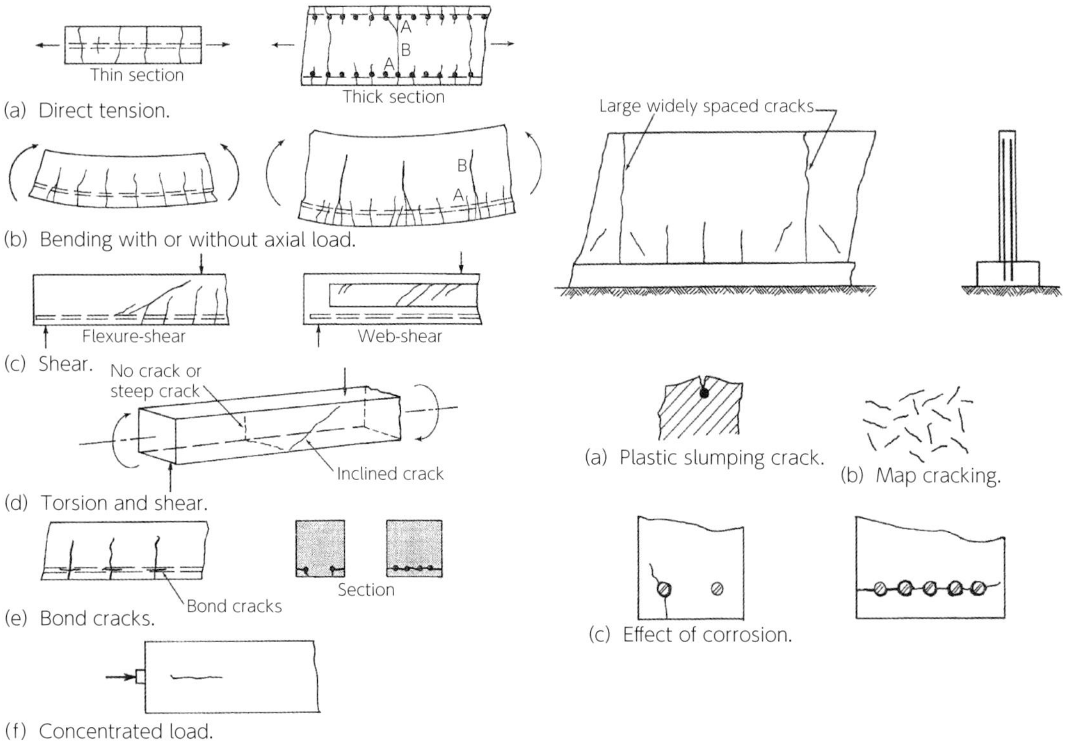

図 1-5-33 ひび割れの種類（形態）[12]

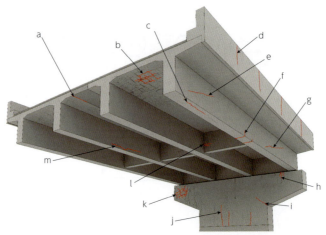

記号	ひび割れの概要	ひび割れの原因
a	間詰め床版継目部のひび割れ（PCT桁橋）	打継目の不具合，輪荷重によるひび割れ
b	床版下面の格子状のひび割れ	輪荷重の繰り返し作用による疲労ひび割れ
c	下フランジ下面の縦方向ひび割れ	塩害や中性化による鉄筋の腐食によるひび割れ プレストレス力に直交する引張力によるひび割れ
d	壁高欄の鉛直方向ひび割れ	乾燥収縮を先打ちの床版が拘束することによるひび割れ
e	支点付近の斜め方向のひび割れ	主桁のせん断力によるひび割れ
f	主桁下フランジの鉛直方向のひび割れ	主桁の曲げモーメントによるひび割れ
g	PC鋼材に沿ったひび割れ	PCグラウトの充填不良，PC鋼材の腐食によるひび割れ
h	橋脚天端のひび割れ	支点反力によるひび割れ
i	断面急変部のひび割れ	構造的な応力集中によるひび割れ
j	橋脚打継目の鉛直方向ひび割れ	先打ち，後打ちコンクリートの温度差による温度ひび割れ
k	橋脚の網目状のひび割れ	ASR等によるひび割れ
l	横桁のひび割れ	外部拘束や内部拘束によるひび割れ
m	主鉄筋に沿ったひび割れ	塩害や中性化による鉄筋の腐食によるひび割れ

図1-5-34　コンクリート構造物の部位ごとに発生するひび割れ[13]

　海外の文献で紹介されている，発生したひび割れの種類（形態）を図1-5-33に，さらに構造物の部位ごとに発生するひび割れの形態を図1-5-34に示します．これらの図より，ひび割れの種類は実に多様で，それぞれの原因，形態，発生する部位，時期が異なります．ひび割れの問題を考える際には，これらの図を参照し，ひび割れの形態・部位・発生時期を把握したうえで，外力，気候条件，使用コンクリート，設計・施工方法等を分析し，その原因を究明する必要があります．その結果，対策の要否が明確になり，適切な処置を行うことが可能となります．

d．ひび割れの分類

　ひび割れの種類はc．で示したように実に多様ですが，これらを大別すると以下の3つに分けられると考えられます．
① 外力によるひび割れ
② 変形の拘束によるひび割れ
③ 内部の膨張によるひび割れ

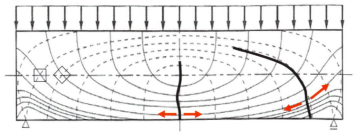

主応力線図（実線：主引張応力線，点線：主圧縮応力線）

図1-5-35 弾性体はりの主応力線図[13]

以下に，それぞれの内容を記述します．

① 外力によるひび割れ

図1-5-35に等分布荷重を受ける単純支持された弾性体はりの応力状態を示します．図中の実線が主引張応力線，点線が主圧縮応力線です．図より，曲げモーメントが卓越する支間中央部付近では主圧縮応力線がはりの下縁から垂直に進展しているのに対し，せん断力が卓越する支点付近では上方に向かうにつれ，主圧縮応力線の傾きが緩やかになっています．ひび割れ前の鉄筋コンクリートはりはほぼ弾性体と見なせるため，図と同様の応力状態となっており，主引張応力がコンクリートの引張強度を超えたとき，主引張応力の作用方向と垂直にひび割れが発生すると考えれば，主圧縮応力に沿ってひび割れが発生することになります．すなわち，曲げモーメントの卓越する支間中央部付近では部材軸に対してほぼ垂直にひび割れが発生し，せん断力の卓越する支点近傍では，斜めにひび割れが発生することになります．これらがいわゆる曲げひび割れ，せん断ひび割れ（斜めひび割れ）です．**写真1-5-4**は実際に載荷試験を行った際のひび割れの形態を表しています．左の写真が載荷試験状況，中央の写真が曲げひび割れの発生状況，右の写真がせん断ひび割れ（斜めひび割れ）の発生状況です．これらのひび割れは，主として鉄筋配置と鉄筋量の影響を受け，せん断ひび割れが先行するような破壊形態はぜい性的な破壊を示すため，避けるべきであり，曲げ破壊が先行するよう，適切に設計する必要があります．

図1-5-36には支持状態の異なるRCはりに発生するひび割れを示します[8]．図より外力により発生するひび割れは，引っ張られる方向と垂直に発生すると考えられるため，逆に考えれば，

載荷試験状況

曲げひび割れ

せん断ひび割れ

写真1-5-4 実際の載荷試験におけるひび割れ発生状況[13]

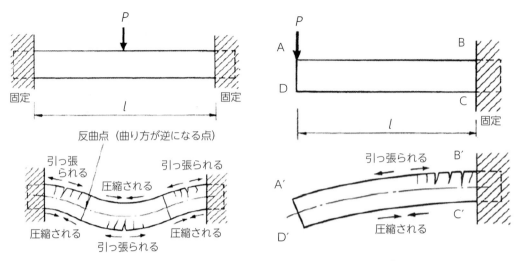

図1-5-36　様々な支持条件におけるRCはりのひび割れ[13]

点検時に発生したひび割れの位置と方向から引張が生じた箇所を明らかにすることが可能になります．

② 変形の拘束によるひび割れ

　コンクリートは様々な要因により収縮します．この変形が外的あるいは内的に拘束されると，縮みたいのに縮めない，すなわち無理やり伸ばされることになり，引張に弱いコンクリートはこの力に耐えられず，ひび割れが発生します．つまり，コンクリートの収縮変形が内的あるいは外的に拘束されると，コンクリートに引張応力が作用し，これがコンクリートの引張強度を上回るとひび割れが発生することになります．この種のひび割れとして，収縮ひび割れと温度ひび割れがあります．これらはいずれも施工段階において発生する可能性の高いひび割れです．

　収縮ひび割れは主としてコンクリートの乾燥収縮に起因するものです．乾燥収縮とは乾燥によるコンクリート中の水分の蒸発により，コンクリートの体積が減少し，収縮する現象です．収縮ひび割れの特徴として，水分の逸散しやすい薄い部材に発生しやすいことが挙げられます．また，乾燥収縮は相対湿度の低い環境ほど大きくなるため，例えば降雨が少なく相対湿度の低い冬場の太平洋沿岸で顕在化することが想定されます．また配合上は，単位水量が多く，水セメント比の高い場合に顕在化する可能性が高くなります．一方，近年のコンクリート構造物の高強度化に伴い，逆に水セメント比の低いコンクリートで収縮ひび割れが顕在化する事例が増えてきました．これはセメントの水和反応の進行によりコンクリートの体積が減少し，収縮する自己収縮と呼ばれる現象により引き起こされるもので，ひび割れの新たな問題として留意する必要があります．図1-5-37に収縮の拘束により生じるひび割れの概念を示します．

　一方，温度ひび割れは，セメントの水和熱に伴うコンクリート温度の上昇・降下がコンクリートの変形（膨張・収縮）を引き起こし，これが内的あるいは外的に拘束されると，コンクリートに引張応力が作用し，ひび割れが発生する現象です．この種のひび割れは，水和熱が大きく，温度上昇量が大きいほど（温度上昇後の降下量が大きいほど）顕在化するため，部材厚さの比較的大き

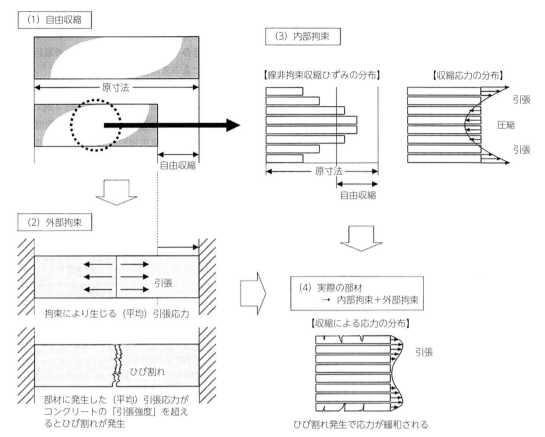

図1-5-37 収縮の拘束により生じるひび割れの概念図[14]

い，マスコンクリートで顕在化します．さらに，外気温が高いほど温度上昇量（温度降下量）が大きくなるため，我が国では夏期にコンクリートが施工される場合（暑中コンクリート），特に注意が必要となります．

　ひび割れの問題が複雑なのは，上述した乾燥収縮ひび割れと温度ひび割れが必ずしも単独で発生するとは限らず，乾燥収縮，自己収縮および温度の影響が作用し合った結果発生することにあります[7]．また，(1) コンクリートの弾性係数，(2) 変形の拘束の度合い，(3) クリープと呼ばれるコンクリートの性質により応力が次第に緩和される現象（リラクセーション）もこれに加味されることになります[8]．さらに複雑なのはこれらすべての要因が，時間的に変化するもので，かつコンクリートの置かれた温湿度条件により敏感に変化することにあります．これらの現象は次式により表されます．以上の概念を**図1-5-38**に示します．

$$f_t(t) < \sigma_t(t) = K_r(t) \cdot E_c(t)/(1+\phi(t)) \cdot \varepsilon(t) \tag{5.12}$$

ここで，$f_t(t)$：コンクリートの引張強度（MPa），$\sigma_t(t)$：コンクリートの引張応力（MPa），$K_r(t)$：部材の拘束度（0〜1.0），$E_c(t)$：コンクリートの弾性係数（MPa），$\phi(t)$：コンクリートのクリープ係数，$\varepsilon(t)$：コンクリートの（収縮）ひずみです．

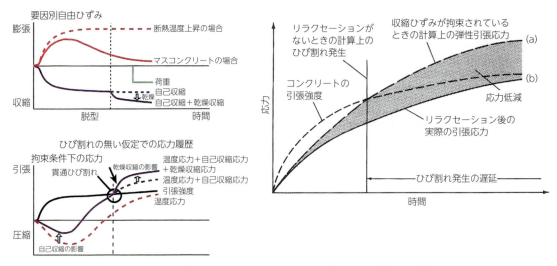

図1-5-38 変形の拘束によるひび割れの複雑性（左図[15]，右図[16]）

③ コンクリート内部の膨張により発生するひび割れ

　前述の温度ひび割れ，収縮ひび割れは主として供用前の施工段階で発生するひび割れですが，ひび割れの中には供用後数年から数十年経ってから発生するものもあります．これはコンクリート内部の膨張により発生するひび割れであり，その多くは中性化，塩害，凍害，アルカリシリカ反応といったコンクリート構造物の劣化によるものです．これらのひび割れは，コンクリート中のある物質が膨張することによりコンクリート中に引張応力を発生させ，これがコンクリートの引張強度を超えたときにひび割れが発生するもので，膨張する物質により分類されます．
　中性化や塩害は，二酸化炭素や塩化物イオンの影響で鋼材表面の不働態被膜が失われることで鋼材が腐食し，その際の体積膨張（通常2〜3倍）によりひび割れが発生するものです．凍害は，コンクリート中の細孔に含まれる水分が凍結により氷に変化することに伴う体積膨張（約9%）により，コンクリートに微細なひび割れを引き起こすものです．さらに，アルカリシリカ反応は，ある種の骨材がコンクリート中のアルカリ分と反応し，吸水膨張性のゲルを生成することにより体積膨張を引き起こすもので，亀甲上のひび割れや鋼材に沿ったひび割れを発生させることで知られています．以上のように，コンクリート構造物の劣化に伴い，鋼材，コンクリート中の水分，骨材が膨張しひび割れが発生することがあり，これらがコンクリート構造物の耐久性上大きな問題となっています．**写真1-5-5**に各劣化形態による典型的なひび割れを示します．
　ここに示す以外のひび割れとして，施工直後の急速な乾燥によりコンクリート表面に微細なひび割れが発生するプラスチック収縮ひび割れや，施工後，コンクリートの沈降が鉄筋等により拘束されることから発生する沈みひび割れ等が挙げられます．

e．ひび割れを制御するための心構え

　以上，ひび割れ全般に対する発生メカニズム，考え方，分類等について述べてきました．ひび割れの対策を行うためには，構造物の用途・寸法・作用荷重，施工時期，施工場所の環境条件等，様々な視点から情報を整理したうえで，そこで顕在化するおそれのあるひび割れを想定

塩害

凍害[17]

アルカリシリカ反応[18]

写真 1-5-5 各劣化形態によるひび割れ

し，それぞれに対し，計画・設計・施工・維持管理で必要な対策を講じる必要があります．また，ひび割れを許容する場合とそうでない場合の見極めも重要であり，何から何まで問題視し，ひび割れのすべてに対して，過度な対策を講じ，そのことにより経済的でない構造物を施工したり，工期をいたずらに伸ばしたりすることも避ける必要があります．

メンテナンス技術者には，ひび割れに対する正しい知識と理解が必要です．点検・診断に当たっては，ひび割れの部位や方向などから，なぜそのひび割れが発生したのかを冷静に分析し，次にそのひび割れが許容されるものか，そうでないものかを判断する必要があります．これらに対するメンテナンス技術者の判断一つで，構造物の安全上深刻なひび割れを見過ごしたり，必要のない対策を施すことで予算を無駄遣いすることにつながるのです．

(2) ＰＣ構造

1) 応力の算定

供用時におけるPC部材は弾性体であるため，PC鋼材の緊張力さえ分かっていれば応力算定は非常に簡単です．ただし，後述しますが，PC鋼材の緊張力は経時的に変化しますので，この点だけが多少煩雑になります．図1-5-39のようにある時点におけるPC鋼材の緊張力をP，作用モーメントをMとしたときの断面の上下縁の応力は次式で求められます．なお，ここでは応力は圧縮を正としています．

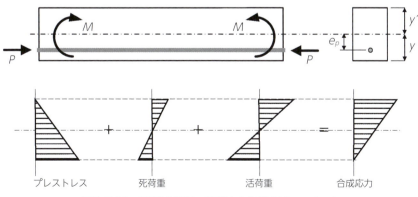

図1-5-39 PCはり部材の緊張力と作用曲げモーメント

上縁の応力 $\sigma'_c = \dfrac{P}{A} - \dfrac{P \cdot e_p}{I} y' + \dfrac{M}{I} y'$ (5.13)

下縁の応力 $\sigma_c = \dfrac{P}{A} + \dfrac{P \cdot e_p}{I} y - \dfrac{M}{I} y$ (5.14)

ここに，e_p：断面の図心とPC鋼材の図心との距離，A：部材の断面積，I：断面の図心軸回りの断面二次モーメント，y', y：それぞれ，断面の図心から上縁，下縁までの距離です．

2）プレストレストコンクリートはり（PCはり）部材の挙動

図1-5-40にPCはり部材が曲げモーメントを受ける場合の断面内の応力分布の変化を示します．

はり部材に正の曲げモーメントが作用すると，上縁に圧縮応力が，下縁に引張応力が発生します．PC構造はこの引張応力を打ち消すように圧縮応力を導入するわけですので，できるだけ下縁側に圧縮応力を導入するのが効率的です．そこで，通常はPC鋼材を配置する場合，作用モーメントによって配置位置を変化（偏心）させるのが一般的で，**図1-5-40**ではPC鋼材を下側に配置しています．

プレストレス導入直後は図の**（a）**のような状態であり，PC鋼材を下側に配置することで下側圧縮のほぼ三角形分布の応力状態にしています．このとき，はりにはたわみが生じ，上反りした状態になっています．なお，PC鋼材の配置位置を下側にし過ぎると上縁に引張応力が発生する場合がありますので，プレストレス導入時にはこの引張応力が過大とならない（ひび割れが発生しない）ように注意する必要があります．

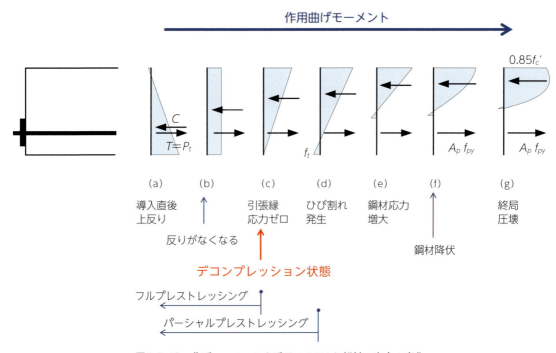

図1-5-40　曲げモーメントを受けるPCはり部材の応力の変化

作用モーメントが増加すると，プレストレスによる応力は作用モーメントによる応力によって打ち消され，下縁の圧縮応力は減少していき，たわみが上反りの状態から0となる状態 (b) に至ります．さらにモーメントが増加すると (c) のように下縁の応力がちょうど0になるときがあります．この状態をデコンプレッション状態と呼び，作用モーメントの大きさをこれ以下となるように制限するのがフルプレストレッシングです．さらに，モーメントを増加させると (d) のように下縁の応力がコンクリートの引張強度に達し，これを超えるとひび割れが発生します．作用モーメントの大きさを (d) の状態以下に制限するのがパーシャルプレストレッシングです．またひび割れ発生前まではPC鋼材の応力度の変化は小さく，コンクリートの圧縮合力位置が上縁側に変化することでモーメントアーム長が長くなることで作用モーメントはつり合っています．ひび割れ発生後の状態 (e) では，コンクリートの引張分担がなくなりPC鋼材の応力度が急増します．すなわち，ひび割れ発生後は鉄筋コンクリートと同様の挙動となり，PC鋼材量が過大でなければ，PC鋼材の降伏（状態 (f)）を経て，やがて圧縮縁のコンクリートが圧壊して終局に至ります（状態 (g)）．

3）プレストレスの経時変化

　PC鋼材の緊張力は，様々な原因により経時的に減少していきます．まず，緊張作業中および緊張直後に緊張力が減少する理由は，プレテンションの場合には，コンクリートにプレストレスが導入されると同時にコンクリートは弾性変形し，部材長が短くなりますのでその分PC鋼材も短くなり，緊張力が減少することになります．ポストテンションの場合には，定着具に緊張力が作用すると定着（例えばくさび）が効き始めるまでPC鋼材が内部に引き込まれるため，緊張ジャッキを解放する直前の緊張力よりPC鋼材の緊張力は小さくなります．また，PC鋼材を曲線配置した場合には，コンクリートから受ける支圧力とPC鋼材とシースの摩擦により，緊張位置から離れるに従って緊張力は小さくなります．

　緊張完了後は，時間経過とともに緊張力は減少していきます．その原因は，コンクリートのクリープ，乾燥収縮とPC鋼材のリラクセーションです．プレストレスはコンクリートに永続的に作用しますのでクリープ変形が生じ部材が縮むため，PC鋼材の緊張力は減少します．また乾燥収縮は文字どおりコンクリートが縮む現象ですので，緊張力の減少を引き起こします．リラクセーションはクリープと同様の現象ですが，ひずみを一定に保持すると時間経過とともに応力が低下するというもので，作用応力の小さい鉄筋では通常無視していますが，PC鋼材の場合には作用応力が高い状態で使用するためリラクセーションを無視することができません．

　PC部材の応力を求める場合にはプレストレスの経時変化を適切に考慮する必要があります．しかし，通常は，コンクリートのクリープ，乾燥収縮ならびに鋼材のリラクセーションは，十分時間が経過すれば一定値に収束します．この最終的に残存するプレストレスを有効プレストレスと呼び，プレストレス導入直後のプレストレスに対する有効プレストレスの比率を有効率と呼びます．有効率は通常，0.8程度の値となります．

〔参 考 文 献〕
1) 早坂博文：高力ボルトの取替え補修－超音波探傷法による損傷ボルトの調査方法の開発および取換え補修，橋梁と基礎，Vol.17, No.8, 1983．
2) 井形直弘，本橋嘉信，浅沼博：金属材料基礎工学，日刊工業新聞社，1995．
3) (公社)日本道路協会：鋼道路橋防食便覧，2014,3．
4) (社)日本道路協会：鋼橋の疲労，丸善，1997,5．
5) 大塚，庄谷，外門，原：[第3版] 鉄筋コンクリート工学，技報堂出版，p.19, 1989．
6) 二羽淳一郎：コンクリート構造の基礎 [改訂第2版]，数理工学社，p.10, 2018．
7) 二羽淳一郎：コンクリート構造の基礎 [改訂第2版]，数理工学社，p.15, 2018．
8) 二羽淳一郎：コンクリート構造の基礎 [改訂第2版]，数理工学社，p.19, 2018．
9) ASCE-ACI Task Committee 426: The Shear Strengh of Reinforced Concrete Members, Proc. of ASCE, Jour. of the Structural Div., Vol.99, No.ST6, 1973（コンクリート工学，Vol.14, No.7, No.8, No.9, No.10, 1976）
10) 河野，十河編著：コンクリートのひび割れがわかる本，セメントジャーナル社，2003．
11) 日本建築学会：鉄筋コンクリート造建築物のひび割れ，2003．
12) MacGregor, Reinforced Concrete, Third Edition, Prentice Hall, 1997．
13) 川上，小野，岩城：コンクリート構造物の力学　－解析から維持管理まで－，技報堂出版，2008．
14) 三橋，佐藤：収縮ひび割れの予測と制御の現状，コンクリート工学，Vol.43, No.5, pp.4～10, 2005．
15) 佐藤，丸山：収縮ひび割れの予測と制御のあるべき姿，コンクリート工学，Vol.43, No.5, pp.11～20, 2005．
16) 田澤，佐伯監訳：コンクリート工学 ～ 微視構造と材料特性 ～，技報堂出版，1998．
17) 土木学会：コンクリートの耐久性に関する研究の現状とデータベース構築のためのフォーマットの提案，2002．
18) 小林一輔他共編：コンクリート辞典，オーム社，2001．

Column コラム

地域の橋はみんなで守る

岩城　一郎

　近年，地方の市町村で管理している橋の維持管理が問題となっています．著者は財政力，技術力ともに高くない市町村で管理する橋を長持ちさせる方法として，水の作用に着目した簡易な維持管理を提案しています．すなわち，橋の材料のうちコンクリートの劣化は直接的，間接的に水が関与しているため，供用中のコンクリートに不必要に水を作用させない措置を施すことにより，劣化を抑え，長持ちさせるというものです．コンクリートに不必要な水を作用させない方法として，路面に堆積した土砂の撤去，排水枡の清掃，排水管の向きや長さの見直しなどが挙げられます．また，橋の欄干を定期的に簡易塗装することで，さびから守られ，美しさが保たれます．こうした措置は特殊な技術を必要とせず，予算もかからないため，地域の住民にでも十分対応可能なものです．著者はこの取り組みを住民による「橋の歯磨き」と称して励行しています．**図-1**に官学産民の連携による橋の歯磨きプロジェクトのスキームを示します．すなわち，官が橋の歯磨きに必要な材料や道具を提供し，住民がその担い手となります．産はその技術指導を行い，学（学生）は住民と共に橋の歯磨き活動を行うことで地域貢献を果たすと共に地域の実状を学ぶ好機となります．**写真-1**は南会津町において，住民と学生が協働し，橋の欄干塗装を行っているところです．

図-1　官学産民の連携による橋の歯磨きの仕組み

写真-1　実施例

　一方，政府は，2012年12月の笹子トンネル天井板落下事故を受けて，2014年度より全国に約70万橋あるとされる全ての道路橋に対し，5年に1回，近接目視による定期点検を義務化しました．これに加え，橋の日常の状態を把握することが重要としています．しかしながら，市町村では橋梁の定期点検だけで手一杯であり，とても日常管理にまで及ばない状況にあります．著者の研究室では市町村で管理する小規模な橋梁に対しては，住民の力も借りて橋の日常点検を行ってはと考え，**図-2**に示すチェックシートを考案しました．チェックシートは両面カラーで印刷され，表が点検チェックシート，裏が点検を補う橋梁

点検カタログから構成されています．点検を行う住民の安全に配慮し，点検は橋面のみから行うことを前提とし，点検項目は，①高欄，②地覆，③照明，④排水枡，⑤舗装，⑥伸縮装置に限定しました．聞き取り項目はさびやひび割れといった変状の有無と有の場合，部分的か広範囲かを問う内容となっています．裏面には橋梁点検カタログを載せ，点検者がカタログを参照しながら点検できるよう配慮しています．さらに，橋の119番として緊急性を要する損傷を見つけた場合にはすぐさま管理者に通報できる欄を設けています．

図-2 橋梁点検チェックシート

　3年前に福島県平田村の文化祭において，橋の維持管理に関するブースを出展し，そこで住民にチェックシートを配布して点検結果を郵送してもらいました．住民間による点検結果のばらつきや橋梁点検のプロが行った結果との差異を評価した結果，住民でも十分に橋梁点検を行うことが可能で，何よりもこうした活動を行うことで住民の地域のインフラに対する関心が高まり，橋の歯磨きへとつながる可能性が示されました．その後，自治体の職員が橋の日常管理に使いたいという要望や，工業高校の課外授業の一環として行いたいという要望が出ており，さらに点検結果をウェブ上のマップに落とし込み「見える化」することで，自発的な橋の歯磨き活動につながるセルフメンテナンスモデルを構築しました．
　このように著者の研究室でこの6年の間に進めてきた地域の橋梁の維持管理に関するコンテンツをとりまとめ，社会に広く公開するため，みんなで守る　橋メンテナンスネットを開設しました．現在このHP (http://bridge-maintenance.net/) から様々な情報を発信しています．

第Ⅱ編 メンテナンスの実例に学ぶ構造工学

第Ⅱ編 メンテナンスの実例に学ぶ構造工学

第1章
鋼　桁

1-1　鋼桁の構造
1-2　鋼桁の損傷
　1-2-1　変形・座屈
　1-2-2　腐　　食
　1-2-3　疲労亀裂
コラム
私の思い出の橋

1-1 鋼桁の構造

　鋼構造は**第1編**の**5章**で詳しく解説されていますが，本章では主として鋼鈑桁（I形断面の鋼桁）に関する損傷事例を取り上げ，そのメカニズムと橋梁構造全体への力学的影響について紹介します．

　前述のとおり，鋼桁はコンクリート系の桁と比べて非常に薄い鋼板の組合わせで成り立っています．これは，鋼材がコンクリートと比べ，引張応力にも圧縮応力にも非常に強く，同じ力を受け持つ断面を小さく（薄く）できるためで，結果として，構造全体を軽く作ることができます．しかし，薄いがために圧縮やせん断に対する面外方向への座屈変形（局部座屈）（**第1編第5章**106ページ）に留意する必要があり，これを防止するためにリブなどの補剛材（**第1編第5章**94ページ）が取り付けられ，面外方向の変形強度を高めています．また，桁の横倒れ座屈（**第1編第5章**108ページ）などの全体座屈防止のために，横桁や対傾構，下横構など（**第1編第2章**21, 22ページ）で並行した桁同士を連結し，ねじり剛性を高めるとともに，活荷重の分配（ある桁の真上に載った大型トラックなどの荷重を他の桁にも分担させること）を行っています（**図2-1-1**）．

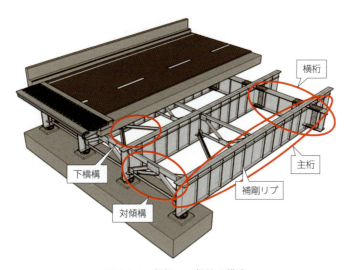

図2-1-1　鋼桁の一般的な構造

　このように，鋼桁においては，各部材が小さな断面で合理的にその役目を果たしているわけですが，その薄さゆえに，腐食（さび）（**第1編第5章**109ページ）による減厚や断面欠損，疲労（**第1編第5章**111ページ）による亀裂などが生じると，力の分担が変わることにより設計で考慮されていないような応力集中が生じ，座屈（**第1編第2章**26ページ）や破断（**第1編第5章**105ページ）といった変形や，更なる疲労亀裂の進展による部材の断裂が生じかねません．したがって，発見された損傷が構造全体に及ぼす影響を判断するためには，損傷が生じた箇所における部材の役割や応力状態を把握し，その損傷によって力の流れがどう変化するのか，変形や亀裂だったらどのように

進展するのか，等について見極める必要があります．

　鋼桁上において一般的に使われる鉄筋コンクリート床版の損傷例については本編**第3章**で紹介されますが，本章では鋼床版（第1編第2章37ページ）の疲労損傷について取り上げます．鋼床版は，厚さ12〜16mm程度の鋼板をデッキプレート（床板）とし，その下面にU形断面のトラフリブ（Uリブ）や平板をそのまま用いる板リブ，平板の下側を補強のために膨らませたバルブリブなどを設置して補剛したもので，各種床版の中で最も軽量でかつ迅速な施工が可能です．コンクリート桁（第1編第5章113ページ）と比べて軽量である鋼桁（第1編第5章94ページ）を用いた上部構造（第1編第1章4ページ）（桁と床版）の重量をさらに軽くし，桁の径間長（第1編第1章4ページ）を長くとることができますが，一般的に製作費が高価になります．鋼床版のデッキプレートは，一般的に主桁ウェブプレート（第1編第2章25ページ）上端に直接接続されるため，主桁の上フランジ（第1編第2章25ページ）の役目も担い，主桁の曲げ（第1編第4章58ページ）作用による圧縮応力（連続桁の支点上など，曲げ方向が逆転する箇所では引張応力）も受け持っています．また，橋軸直角方向に配置され，デッキプレートの補剛リブの支えとなっている横リブ上端にも，通常はデッキプレートが直接溶接されており，この横リブの曲げ作用による圧縮応力，引張応力も受け持っています．このように，鋼床版鈑桁（もしくは鋼床版箱桁）はより複雑な応力状態になっており，また活荷重による集中荷重（第1編第4章63ページ）（自動車の輪荷重）が舗装を介してあまり分散されずにほぼ直接デッキプレート上に載るため，局部的な変形による応力集中に起因する疲労損傷に留意する必要があります．

1-2　鋼桁の損傷

1-2-1　変形・座屈

　鋼桁の主な損傷の種類としては，変形や座屈，塗装の劣化などによる腐食，金属疲労による亀裂などの疲労損傷が挙げられます．まず変形に関してですが，想定される使用条件下において，鋼桁の部材に設計上の許容範囲内における弾性たわみ以上の変形が生じることはまず考えられません．しかし，まれに設計や製作のミスによる板厚や補剛の不足などから応力集中が生じ，圧縮力やせん断力の過多による局部座屈，引張力過多による弾性域を超過した延びや亀裂が生じる場合があります．また，腐食による鋼板の減厚や部材の断面縮小などから耐力や剛性が低下し，同様の変形が起こることもあり得ます．このほかに考え得る変形の原因としては，車両や船舶などの衝突，地震時における想定外もしくは想定以上の挙動による橋台（第1編第1章4ページ）のパラペット（桁端の竪壁）や隣接桁との衝突，近接構造物との衝突，もしくは支承（第1編第1章4ページ）周りの応力集中，地盤沈下や側方移動，洗掘などによる橋脚の沈下や移動，傾きに起因する桁の変位やねじれ，隣接桁や近接構造物との接触などが挙げられます．また，車両火災の熱や爆発の圧力による変形などの事例も存在します．

　いずれのケースにおいても，変形は設計における想定外の事象が生じた結果であることは明

らかなため，変形が生じた場合は，その原因と構造全体系に対する影響の解明は急務となります．特に，支点上の垂直補剛材（**第1編第2章26ページ**）などの常に大きな圧縮力が作用している部材の座屈変形，せん断力が大きな主桁端部付近におけるウェブの面外変形や亀裂，大きな引張応力が作用している主桁下フランジの亀裂などに関しては，構造系の早期崩壊につながる可能性があるため，早期の診断，対応が必要です．なお，支間中央付近における主桁の上フランジにも設計上は主桁の曲げ作用による大きな圧縮力が作用することとなりますが，一般的に床版が設置されたのちは床版と桁は接続されて一緒に挙動するため，床版も桁の曲げに伴う圧縮力を分担します．このため，床版に大きな異常が生じたり，桁と床版の接続が切れたりしない限りは，供用中に主桁の上フランジが圧縮力によって変形することはまずありません．

地震により支承周りに変形や損傷が生じた場合，可動支承の固定化や可動範囲の縮小，桁ごとの支承間における荷重分担の変化などにより新たな応力集中が生じ，耐震性能の低下やその後の新たな損傷の誘発が懸念されるため，詳細な調査と分析が必要です．**図2-1-2**は，強い地震動によって，谷を渡る鋼桁の両側端部において変形が生じた例です．

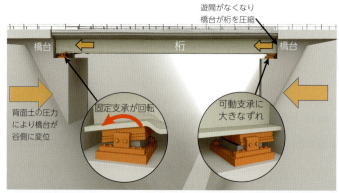

固定支承側

可動支承側

図2-1-2 地震動による下フランジの変形および支承の損傷

右の写真（可動支承側）では支承が損傷し，左の写真（固定支承側）では鋼桁下フランジが大きく変形しています．原因は，橋台が地震によって崩壊した背面土の圧力により谷側へ変位していることが確認されましたので，これによって桁両端の支点間隔が強制的に狭まった（橋台間隔が狭くなった）ためと考えられます．右側の写真（可動支承側）では橋台が右から左へ，桁が左から右へ相対的に変位することにより，可動支承のストッパが破断して支承上下が大きくずれ，荷重支持板が露出し，写真には写っていませんが，桁が橋台竪壁に当たっています．写真は応急処置後のもので，ずれてしまった支承の代わりに支承の左側には仮台座が設けられ，その直上の主桁ウェブには垂直補剛材が溶接されており，鉛直荷重を支えています．左側の写真（固定支承側）では，橋台が写真左から右へ，桁が右から左へ相対的に変位し，桁は反対側（右側）で橋台竪壁にぶつかって変位が拘束されているために，支承に図中に示したような反時計回りの回転が生じ，大きな圧縮力を受けながら上沓（支承の上側）に押し上げられる形となった鋼桁下フランジが座屈変形したものと判断されます．上沓とソールプレート（支承と下フランジの間に挟まっている鉄板）の間にできた隙間には，応急措置として，鉛直荷重を支えるためにモルタルが充填されています．また支承右側には，可動側と同様に仮台座（緑色）が設置され，鉛直荷重を分担しています．本損傷例の場合，桁の伸び側への動きが完全に拘束されていますので，橋台間を再度広げるか，桁端を切断して短縮するなどの対応が早期に必要です．

　他の変形の例としては，特に古い橋梁などにおいて，工場製作時の溶接熱による変形の補正不足（例えば，桁ウェブの面外はらみ，「やせ馬」ともいう）や，架設時の当て傷や凹みなどがそのまま補修されずに使用されているケースがあります．**写真2-1-1**は，河川上の橋梁における鋼桁下フランジに何らかの衝突により変形が生じている例ですが，このような変形が発見された場合は，まず過去の点検記録を参照することが重要です．写真の例で適切な検討がなされないまま供用されているような場合，ウェブと下フランジの溶接に亀裂が生じていないか，適切に応力伝達がなされているかなど調査を行い，整形や当て板などの補修の要否を判断する必要があります．

写真2-1-1　何らかの衝突による鋼桁下フランジの変形（当て傷）

　別の変形の例として，**写真2-1-2**に火災によって生じた鋼桁の損傷状況を示します．2層構造の高架橋1階部分において車両火災が発生し，その熱で上層における鋼桁支点部の剛性が低下

第Ⅱ編　メンテナンスの実例に学ぶ構造工学

写真2-1-2　火災の熱による桁の変形

し，自重で座屈変形した結果，写真のような沈下が生じました．当該ケースにおいては，大きく変形した桁の矯正が不可能だったため，新しい鋼桁への交換およびRC床版の打替えが行われました．

1-2-2　腐　食

　耐候性鋼材などを除いて，鋼桁には通常，塗装による防食（第1編第2章28ページ）が施されていますが，塗装が当て傷や摩耗，経年劣化などによりその防食機能を失うと，鋼材に腐食が発生します．また，鋼材に部分的にでも腐食が発生すると，その周辺の塗装がはがれて腐食が進展することもあるため，できるだけ早期の塗装補修や，腐食発生前の計画的な塗替えが望まれます．

　腐食が進展し，母材の減厚や溶接部の減肉が生じると，結果としてその周囲における応力が高くなり，設計上の応力の制限値を超過する可能性があります．また，減厚すると部材としての剛性（耐変形性能）が低下するため，座屈などの変形や破断につながる可能性があります．このため，"1-2-1　変形・座屈"で挙げたような変形や破断が生じた場合に，直接構造上の限界状態につながる可能性のある部位における著しい腐食の発生には，特に注意が必要です．

　支承周りは，上部構造の荷重を伝達するために高荷重下に置かれています．このため，特に金属支承においては，浸水などによってさび付きが生じ，変位や回転などの本来期待される挙動が拘束された場合，桁の下フランジ等取付け部材（ソールプレート周辺）に大きな応力集中が生じ，疲労損傷が短期間で発生する可能性があります．このため，当該部分において腐食が発見された場合は，早期の対応が望まれます．

　腐食は，頻繁に漏水が発生する箇所，滞水や土砂の堆積が起こりやすい箇所などで多く発生します．特に桁端部は，伸縮装置（第1編第2章22ページ）や排水装置の損傷による浸水が多く見られ，狭隘部であることから塵埃が堆積しやすく，乾燥もしにくいため，腐食が発生しやすくなっています．さらに，入り組んでいるために損傷が発見されにくい箇所であること，また前述の支承や落橋防止装置などの重要部材が集中していることなどから，注意が必要です．桁端部

における損傷例については，**第2編第5章**で詳しく紹介します．

ボルト接合（第1編第5章98ページ）部に著しい腐食が発生した場合，継手としての耐荷性能を失う可能性があります．特に，主桁の下フランジは引張力が大きく，さらに勾配によっては滞水もしやすいため，注意が必要です．**写真2-1-3**は，ボルト添接部に生じた腐食の事例です．ボルト添接部は，現場塗装による仕上げとならざるを得ないうえに，ボルト頭部およびナットによる凹凸や添接板の段差などにより均一な塗装の施工が困難であり，凸部角の塗膜厚が部分的に薄過ぎたり，凹部に空気を巻き込んだりするなどの施工不良が発生しやすい部位です．また水溜まりも発生しやすく，早期の腐食が多く見られる箇所となっています．写真では，主桁下フランジのボルト添接部において，ナットに腐食が生じています．ウェブ側には土砂のようなゴミも堆積しており，乾燥しにくい状態となっているため，腐食速度を高めている可能性があります．このまま腐食が進展すると，ボルトの破断，添接板の減厚が生じ，スパン中央付近で大きな引張力を負担している添接部として必要な耐荷力を失うこととなりかねません．この場合，荷重によって桁が下側に折れ曲がる形となり，路面の沈下，ひいては落橋にもつながる可能性があります．

写真2-1-3　ボルト添接部における腐食の事例

塗装の不良に関しては，添接板だけではなくすべての鋼板自由縁端部の角においては塗装が薄くなり，腐食が生じやすい傾向にあります．このため，近年は角を落として面取り仕上げとし，塗装が載りやすくする工夫がなされており，塗装補修においても同様の加工がなされるケースが増えています．

腐食とは異なる現象ですが，同じ添接部の損傷として，高力ボルトの遅れ破壊（第1編第5章98ページ）の例を**写真2-1-4**に示します．鋼橋の添接部において，昭和40年代から50年代初頭にかけて多く使用されていたF11T，F13Tというタイプの高力ボルトについては，施工後10年以上経過してから「遅れ破壊」により突然破断する現象が報告されています．この遅れ破壊については，F11TおよびF13Tの全体本数に対して発生する割合は比較的少ないのですが，高い確率

で発生する特定のロット（同一生産ラインにおいて同時期に生産されたもの）が存在するという報告もあり，同一ロットのボルトは同一の橋梁工事において使用される可能性も高いため，破断が確認された場合は注意が必要です．同一添接部における破断本数が多いと，継手としての耐荷性能を失う可能性があり，主桁の添接部については特に注意が必要です．また，破断したボルトが落下し，桁下利用者に第三者被害を及ぼす可能性があるため，上記タイプの高力ボルトの使用が確認された場合は，桁下の利用状況に応じて，破断が生じていなくてもネットを張って落下を防止するなどの対策が多く取られています．

高力ボルトの遅れ破壊の例

遅れ破壊したボルトの頭（F11Tの刻印）

写真2-1-4 ボルト添接部における高力ボルトの遅れ破壊の事例

第1編第5章で述べられているとおり，高力ボルトによる接合は通常，摩擦接合（**第1編第5章98ページ**）となっています．ボルトの軸力が低下すると添接部における母材と添接板の間の摩擦力も低下し，継手として必要な耐荷力が不足する事態が生じます．このため，腐食によるボルトの頭部やナットの消失またはボルトの痩せによるボルト軸力の低下，もしくは同一継手内における一定量の遅れ破壊の発生などにより軸力の抜けが懸念される場合は，ボルトの交換が必要となります．高力ボルト添接部において上記2例のような損傷が進展し，ボルトの交換を行う場合，一度に多くのボルト軸力を開放すると添接力が要求性能を下回る可能性があるため，できるだけ少数単位（1本ずつなど）で交換し，軸力を加えてから他のボルトの交換に移るようにします．ボルト周辺における添接板表面が腐食している場合は，ボルト交換後に腐食によって生じた隙間から水が浸入し，ボルト孔内部で腐食が生じる可能性があるため，添接板の腐食を撤去し，平滑に仕上げる必要があります．また，添接板ごと交換する場合は，多数の添接板から構成される同一継手内における一部の添接板であっても（例えば鋼主桁添接部のフランジの片側だけ，等），撤去した時点で荷重は他の添接板部分に移行するため，新しくした添接板は活荷重等の交換後にかかってくる荷重しか分担できません．このため，交換時にはジャッキアップ等による一次的な死荷重の除荷が必要です．

このほかの腐食による損傷として，主桁の上フランジとRC床版ハンチとの接触部など，鋼材とコンクリートが接している箇所が挙げられます（**図2-1-3**）．境界面に腐食が発生した場合は補修がしにくく，また鋼材の腐食膨張による圧力でコンクリートにひびが入り，部分的に欠

落するケースが見受けられます．このような損傷によって，直ちに橋梁として構造的に不安定となることは考えにくいですが，桁下の利用状況によっては第三者被害を起こす可能性があるため，点検時にコンクリートの浮きを発見した場合は，浮き部分をハンマで叩き落とすなどの対応が有効です．

図2-1-3　鋼材腐食によるRC床版ハンチ部コンクリート剥落の概念図

1-2-3　疲労亀裂

　疲労亀裂は，活荷重などによる構造全体の変形や，輪荷重等の集中荷重により，局所的な応力集中部において応力が反復することにより発生します．応力集中は，部材の溶接部や板厚変化部などの断面が急変する箇所において生じやすく，特に溶接部にアンダーカット，ブローホールやスラグ巻込み，著しい形状不良などの欠陥（図2-1-4）がある場合，また母材に傷や介在物などの欠陥がある場合などに，これらを起点として亀裂が発生する可能性が高くなります．点検において，初期の微小な疲労損傷を発見することは困難ですが，亀裂の先端が引張応力の発生する領域に位置し，亀裂長さや引張応力の大きさなどが一定の条件を満たすと急激に進展します．亀裂が主部材に進展してこれを破断させ，落橋などの重大な事象につながるおそれもあります．

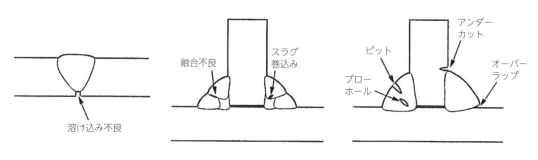

図2-1-4　溶接欠陥の例[1]

図2-1-5は，鋼鈑桁全体の概要図に，主桁において疲労亀裂が発生しやすい位置を示しています．主桁同士は，主として横構，対傾構および横桁によって連結されています．横構と対傾構の役割はそれぞれ，桁同士の軸方向のずれ（上から見て平行四辺形に変形）防止と桁の軸直角方向への倒れを防止することです．横桁は剛性が高く，橋面上において部分的に大きな活荷重が作用（例えば大型トラックが走行）したような場合に，荷重直下の主桁のたわみを他の桁へ伝達することによって荷重を分配し，路面の局所的な沈下（床版の面外変形）を防止します．この活荷重の分配が行われる際，横桁や対傾構と主桁の交差部には比較的大きな力が作用しますが，図2-1-6は，主桁のたわみ差によって対傾構に軸力が生じ，主桁ウェブに面外力が生じる様子を模式的に示しています．

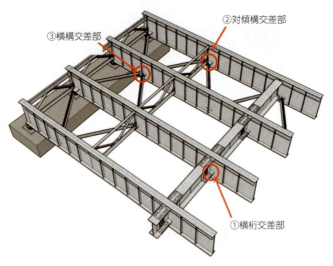

図2-1-5 鋼鈑桁の概要図と主桁における疲労亀裂の発生箇所

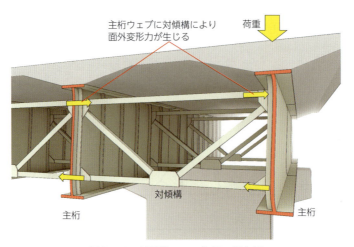

図2-1-6 対傾構による作用の概念図

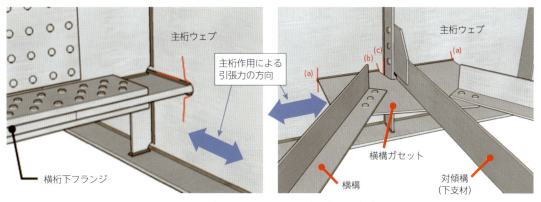

図2-1-7　主桁ウェブに発生する疲労亀裂の概念図

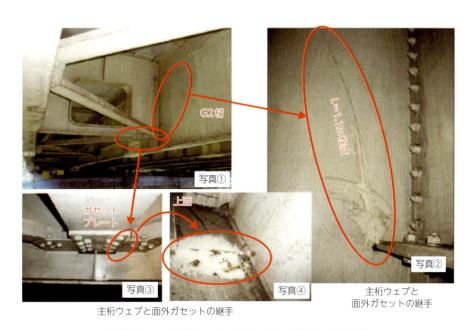

写真2-1-5　主桁ウェブの亀裂が大きく進展した事例[2]

　この作用等により，接続するガセットプレートの端部などに応力が集中して，これが長期間繰り返し作用することで疲労亀裂が発生します（**図2-1-7**，**写真2-1-5**）．主桁の断面下側は主桁作用（荷重による曲げモーメント）による引張力が常時働いているため，疲労亀裂が生じた場合は進展しやすく，主桁の破断という深刻な損傷に結びつく可能性があります．

　このほかに多く見られる疲労損傷の例として，古い形式のゲルバーヒンジ部（第1編第1章11ページ）において発生する疲労亀裂が挙げられますが，**第2編第4章**で紹介します．

　図2-1-8は，鋼床版の構造概念図に疲労亀裂が発生しやすい位置を示したものです．疲労亀裂は主に，トラフリブ（Uリブ，U形断面の縦リブ）とデッキプレートまたは横リブとの溶接部分，板リブやバルブリブと横リブの溶接部分，主桁縦リブとデッキプレートの溶接部分などを起点と

して発生します．これらの亀裂は，主桁の母材に進展しない限り構造的な崩壊をもたらす可能性は低いですが，亀裂がデッキプレートを貫通した場合（**図2-1-9**）は舗装にポットホールが発生する事例が多く，通行車両に第三者被害をもたらす可能性があるため，注意が必要です．

なお，低温下においては鋼材のじん性（変形のしやすさ）が下がり，また主桁が収縮するために，

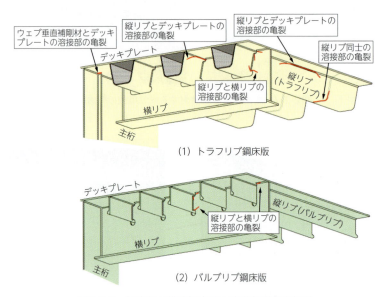

図2-1-8　鋼床版の構造概念図と疲労亀裂発生位置

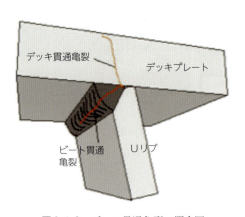

図2-1-9　デッキ貫通亀裂の概念図

可動支承が腐食等により摩擦が大きくなっていたり拘束されているような場合は，主桁に高い引張力が発生します．このため，主桁の母材などに疲労亀裂が存在する場合は，冬の朝などの低温時に大きく進展する事例があります．

〔参 考 文 献〕
 1) 鋼橋の維持管理, コロナ社, 2015.
 2) 国土交通省 近畿地方整備局 記者発表資料, 2006, 11, 10.

Column コラム

耐風レトロフィット

勝地 弘

耐風レトロフィット：長期間のメンテナンス実績を踏まえた構造改変

　長大橋においては，風の動的作用が大きくなり，風による振動（空力振動）が問題となることがあります．そのため設計段階においては，風洞実験などで検証がなされ，必要に応じて制振対策が取られています．橋桁の制振対策としては，維持管理の手間や費用を考えてダンパーなどの機械的な対策よりも，風の励振力を小さくする空気力学的対策をとることが一般的です．例えば，橋桁端部に三角形状のフェアリングやフラップ（**写真-1**）を取り付けたり，路面に風抜きのためのオープングレーチング（**写真-2**）を設置するなどです．

　一方，これらの対策は比較的細かな部材で構成されることが多く，長期間にわたる維持管理においては，腐食に対する防御が不可欠です．本州四国連絡橋の門崎高架橋においては，**写真-1**に示すように橋桁端部にダブルフラップが空気力学的対策として取り付けられていましたが，**写真-3**に示すように局部的な腐食が進行し，交換の必要が生じました．そこで，空力振動の再検証として，メンテナンス段階で計測された構造減衰などの振動特性，現地の風特性などが分析され，空気力学的対策の効果が再検討されました．その結果，本橋の構造減衰が設計値よりも大きく，また**写真-4**に示すように周辺地形により片側からの風が弱められることから，片側（岬側）の耐風対策は不要と判断され，撤去されました．これにより，将来のメンテナンスの手間と費用が大きく削減されることになりました．

　また，路面にオープングレーチングを設置している瀬戸大橋では，オープングレーチングの隙間から下の鉄道床にゴム片などの小物が落下し（**写真-5**），鉄道走行に支障を及ぼす恐れが判明しました．しかしながら，オープングレーチングは耐風安定性確保のための空

写真-1　ダブルフラップの例

写真-2　オープングレーチングの例

写真-3　ダブルフラップの腐食

写真-4　門崎高架橋と周辺地形

写真-5　鉄道床への落下物

気力学的対策であり，簡単には閉塞，撤去することはできません．そこで，オープングレーチングを閉塞した場合やオープングレーチングに代わる空気力学的対策を検討することが風洞実験と空力弾性解析によって検討されています．瀬戸大橋の設計時には開発されていなかった橋桁振動モードの3次元性を考慮した空力弾性解析手法（3次元マルチモードフラッター解析）を用い，オープングレーチングの部分的な閉塞や閉塞した場合の耐風安定性低下を補う新たな空気力学的対策について，検討が行われています．この問題では，オープングレーチング閉塞による耐風安定性低下を別の新たな空気力学的対策で補う代わりに，鉄道走行への危険性を解消し，将来のメンテナンスの手間と費用を削減することが可能となります．

　以上のように，風の問題（作用）についても，長期間のメンテナンスの実績を踏まえたレトロフィット（構造改変）を行うことで，将来のメンテナンスコストの削減，安全性の向上などに貢献することが可能となります．

私の思い出の橋

▶首都高速道路　横浜公園出口高架橋

　当時，首都高速の設計課職員として，意匠，構造設計，発注まで担当しました．歴史的建築物や横浜スタジアム，中華街などに隣接する風致地区に位置するため，非常に景観に気を使った結果，あまり首都高らしくない橋になりました．鋼床版の張り出しブラケットと高欄外面の曲面連続性を持たせるために，鋼床版縁端部の板組と高欄の配筋が難しくなり，またエンタシス型鋼橋脚の耐震性能を計算に乗せることに苦労しましたが，皆で悩んだ甲斐は有ったのではないかとひそかに思っています．

（津野　和宏）

形　式　7径間連続鋼床版箱桁橋
橋　長　365.75m
所在地　神奈川県横浜市
竣工年　2007年

第Ⅱ編　メンテナンスの実例に学ぶ構造工学

第2章
コンクリート桁

2-1　コンクリート桁の構造
2-2　コンクリート桁の損傷
　2-2-1　コンクリート桁に発生する変状とその発生機構
　2-2-2　鉄筋コンクリート桁のひび割れ
　2-2-3　プレストレストコンクリート桁のひび割れ
　2-2-4　鋼材の腐食
コラム
私の思い出の橋

2-1　コンクリート桁の構造

　コンクリート桁は，コンクリートが有する比較的高い圧縮強度を有効に活用し，かつ，引張力が小さいという弱点を補うために，鉄筋を埋め込んでひび割れ発生後の引張抵抗力を鉄筋で負担させる鉄筋コンクリート構造（RC構造）や，PC鋼材などで緊張してコンクリートにあらかじめ圧縮力を与えることによって，荷重作用による引張力を打ち消してひび割れを生じさせないプレストレスト構造（PC構造）としたものからなります．

　また，コンクリート桁の特徴として，使用材料が鋼桁に比べ安価なこと，鉄筋がコンクリートで覆われているためさびにくく劣化に強いなどのメリットを有しており，比較的，中小規模の橋梁（スパン10m～40m程度）に数多く使用されてきました．

　さらに，コンクリートが形状成形（プラスティシティー）に優れているため，**写真2-2-1～4**示すように多種多様な桁種別を持っています．

写真2-2-1　PCI桁橋製作状況

写真2-2-2　PCI桁橋架設状況

写真2-2-3　PC箱桁橋製作状況

写真2-2-4　PC箱桁橋

しかしながら，コンクリート構造の品質は，人的要素に大きく影響されることが多く，結果として，コンクリートにダメージを与えることにつながります．特に，コンクリート構造の場合，圧縮には強く引張には弱いという欠点があり，ちょっとした配慮不足によりひび割れ等の損傷を発生させやすくなります．その結果，鉄筋コンクリートの重要な力学的構造を担うPCケーブルや鉄筋などの腐食を招き，橋を損傷させることとなります．次項では，その損傷に対する力学的観点から述べるものとします．

2-2　コンクリート桁の損傷

2-2-1　コンクリート桁に発生する変状とその発生機構

コンクリート桁には，**図2-2-1**の左枠内に示すように様々な変状があり，これらは右枠内に示すように，初期欠陥，劣化，その他に分類できます．

初期欠陥は構造物または部材に必要な性能が主に初期状態から欠けていることを言い，劣化とは，材料の特性が時間の経過とともに損なわれていく現象を言います．その他の変状には，力学的作用によって生じる変位やひび割れなど，設計上の想定以上の構造的な変状，および地震や衝突によるひび割れや剥離など，短時間のうちに発生し，その進行が時間の経過を伴わない変状があります．

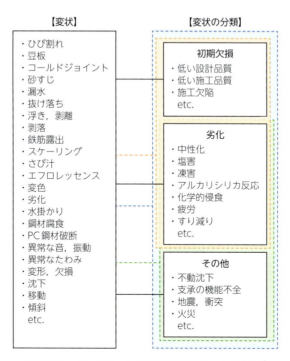

図2-2-1　コンクリート桁に生じる変状とその分類[1)]

1）コンクリート桁の変状とその発生メカニズム

コンクリート桁に発生する変状には様々なメカニズムと要因があります．**表2-2-1**にコンクリート桁に発生する各種の劣化メカニズムとその劣化の要因，劣化現象を示します．

コンクリート構造物では，どの劣化メカニズムにより劣化現象が生じたのかを明確にすることが診断する場合の出発点になります．しかしながら，コンクリート表面に生じる劣化現象は，**表2-2-2**に示すように，劣化メカニズムが異なっていても類似の現象が生じる場合が多く，単純に1対1に劣化現象から劣化メカニズムを特定することは困難となります．したがって，**表2-2-3**に示すように構造物が置かれている環境条件や，使用条件を調査するとともに**表2-2-1**に示した劣化指標を詳細点検で調べることが重要です．

表2-2-1 コンクリート桁に発生する劣化機構と要因，現象，指標の関連[1]

劣化機構	劣化要因	劣化現象	劣化指標
中性化	二酸化炭素	二酸化炭素がセメント水和物と炭酸化反応を起こし，細孔溶液中のpHを低下させることで，鋼材の腐食が促進され，コンクリートのひび割れや剥離，鋼材の断面減少を引き起こす劣化現象．	中性化深さ 鋼材腐食量 腐食ひび割れ
塩害	塩化物イオン	コンクリート中の鋼材の腐食が塩化物イオンにより促進され，コンクリートのひび割れや剥離，鋼材の断面減少を引き起こす劣化現象．	塩化物イオン濃度 鋼材腐食量 腐食ひび割れ
凍害	凍結融解作用	コンクリート中の水分が凍結と融解を繰り返すことによって，コンクリート表面からスケーリング，微細ひび割れおよびポップアウトなどの形で劣化する現象．	凍害深さ 鋼材腐食量
化学的侵食	酸性物質 硫酸イオン	酸化物質や硫酸イオンとの接触によりコンクリート硬化体が分解したり，化合物生成時に膨張圧によってコンクリートが劣化する現象．	劣化因子の浸透深さ 中性化深さ 鋼材腐食量
アルカリシリカ反応	反応性骨材	骨材中に含まれている反応性シリカ鉱物や炭酸塩岩を有する骨材がコンクリート中のアルカリ性水溶液と反応して，コンクリートに異常膨張やひび割れを発生させる劣化現象．	膨張量 （ひび割れ）
床版の疲労	大型車通行量	道路橋の鉄筋コンクリート床版が輪荷重の繰返し作用によりひび割れや陥没を生じる現象．	ひび割れ濃度 たわみ
すり減り	摩耗	流水や車輪などの摩耗作用によってコンクリートの断面が時間とともに徐々に失われていく現象．	すり減り量 すり減り速度
床版の土砂化	コンクリートへの浸水	道路橋の床版に雨水等が浸入し，輪荷重の繰返し作用により，骨材が分離して土砂化する現象．	床版ひび割れ 漏水

表2-2-2 劣化メカニズムと劣化現象の特徴[1]

劣化機構	劣化現象の特徴
中性化	鉄筋軸方向のひび割れ，コンクリートの剥離
塩害	鉄筋軸方向のひび割れ，さび汁，コンクリートや鉄筋の断面欠損
凍害	微細なひび割れ，スケーリング，ポップアウト，変形
化学的侵食	変色，コンクリートの剥離
アルカリシリカ反応	膨張ひび割れ（拘束方向，亀甲状），ゲル，変色
床版の疲労	格子状ひび割れ，角落ち，遊離石灰
すり減り	モルタルの欠損，粗骨材の露出，コンクリートの断面欠損
床版の土砂化	舗装ひび割れ，くぼみ，泥の噴出，漏水

表2-2-3 環境条件，使用条件から推定される劣化メカニズム[1]

外的要因		推定される劣化機構
地域区分	海岸地域	塩害
	寒冷地域	凍害，塩害
	温泉地域	化学的侵食
環境条件および使用条件	乾湿繰返し	アルカリシリカ反応，塩害，凍害
	凍結防止剤使用	塩害，アルカリシリカ反応
	繰返し荷重	疲労，すり減り，土砂化
	二酸化炭素	中性化
	酸性水	化学的侵食
	流水，車両	すり減り

2-2-2 鉄筋コンクリート桁のひび割れ

鉄筋コンクリート桁は，**第1編5章**でも述べたように，コンクリート部材の引張縁を鉄筋によって補強した構造で，本来，コンクリートの引張側は無視された状態であり，曲げ作用による引張力によって発生したひび割れを許容した構造です．

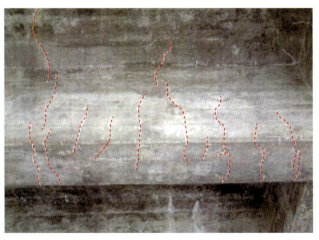

写真2-2-5 RC桁の支間中央部に発生した曲げひび割れ[2]

このことは，**第1編5章**で述べたように，鉄筋コンクリートはりの場合，引張側のコンクリートは無視の状態になり，荷重の曲げ作用によって発生したひび割れは構造力学的には許容しており，橋を供用するうえでは大きな問題にはなりません．ただし，ひび割れ発生による塩分などの外的因子の侵入により鉄筋を腐食させる要因となるため，その対策は必要です．また，一般使用環境下でのひび割れ幅の増大および異常なたわみなどは鉄筋の応力超過を招き，橋の落下につながる可能性が高いので，詳細な検討ないし観察が必要となります．

図2-2-2　鉄筋コンクリート桁の主なひび割れ

次に，支点部近傍の桁側面に**写真2-2-6**に示すような斜めひび割れが発生している場合がごくまれに見られることがあります．このひび割れは，せん断ひび割れの一種で，構造的には非常に有害なひび割れの一つです．というのも，せん断ひび割れは，曲げひび割れと異なり，破壊の進行が急激でかつ構造物に致命的な損傷を与えることが多いため，必ず食い止めなければならない損傷の一つと言えます．

写真2-2-6　RC桁の支点部近傍に発生したせん断ひび割れ

コンクリートは引張応力に対してきわめて弱い特質を持っていますが，せん断力に対しては大きな抵抗性を持っています．そのため，せん断応力自体で破壊することはなく，ほとんどの場合，せん断応力の作用によって生じる主引張応力の値がコンクリートの引張応力を超えると斜めひび割れが発生し，これがせん断破壊に結びつくことになります．

また，このせん断力は，**図2-2-3**に示すように等分布荷重が作用する場合，支点部に向かうに従い大きくなるため，支点部近傍での損傷例が多い要因の一つとなっています．

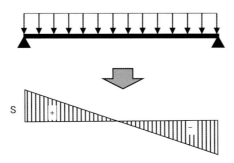

図2-2-3　等分布荷重を受ける単純はりのせん断力図

　また，このせん断ひび割れを大別すると，**図2-2-4**に示すような，①ウェブせん断ひび割れ，②曲げせん断ひび割れの2つのタイプがあります．

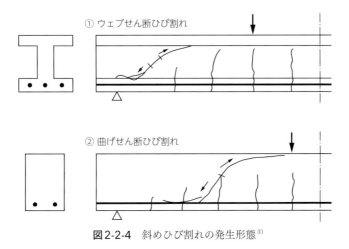

図2-2-4　斜めひび割れの発生形態[3]

　①のウェブせん断ひび割れは，ウェブ断面中央付近から斜め方向に発生するひび割れで，このひび割れは，ウェブの薄いI形断面やPC部材でプレストレスが大きいなど，せん断力が曲げモーメントよりも大きい場合に生じることが多いひび割れです．

　これに対し，②の曲げせん断ひび割れは，曲げひび割れの進展の過程で，せん断力の影響（ダウエル作用）（**第1編第5章**120ページ）を受けて発生するものです．

2-2-3　プレストレストコンクリート桁のひび割れ

　PC桁では，ひび割れを許容しない設計にて行われるため，PC桁に発生するひび割れの多くは，施工時当初に発生したものが大半で，それが耐荷力や耐久性の低下を招き，最悪なケースでは，落橋につながります．

　また，PC桁の構造的な欠陥としては，施工時の人為的ミスによるもので発生することが多く，以下では，その構造的欠陥につながる事例について説明します．

写真2-2-7は，PC桁の損傷で，比較的多く見られるひび割れの1つで，桁軸方向の側面や下面に見受けられます．

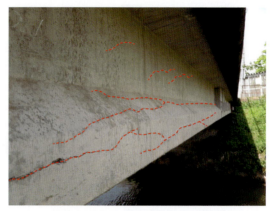

写真2-2-7　PC桁の軸方向ひび割れ

このひび割れは以下に示す要因が考えられます．
- コンクリートの若齢時における過大プレストレスの導入
- アルカリ骨材反応（ASR）による骨材膨張
- PC鋼材（シース）のかぶり不足
- 塩害による鉄筋の腐食

また，ポストテンション方式（第1編第2章32ページ）の場合には，過去にはシース内に充填する膨張剤を入れたグラウトによる内圧力もひび割れ発生原因となったこともありました．

ひび割れによってPC桁の耐荷力が急激に低下することはありませんが，ひび割れが進展した場合には，ひび割れから剥離や鋼材の露出に進展し，鋼材の破断などにつながります．さらに，図2-2-5および図2-2-6に示すようにひび割れの発生によって，コンクリートのプレストレスが損失し，曲げひび割れなどの発生にもつながります．そのため，これらのひび割れの進展にも注意が必要です．

対策としては，それぞれの要因によって様々ですが，まずは，雨水等の侵入を防ぐためにも，ひび割れ注入などによってひび割れ箇所を補修する必要があります．また，雨水等の侵入を防ぐためにも，場合によっては，プレストレスの損失も考えられますので，非破壊検査などによ

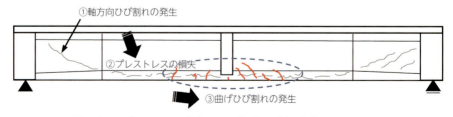

図2-2-5　プレストレス損失による曲げひび割れ発生のメカニズム

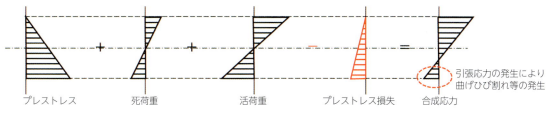

図2-2-6 軸方向ひび割れ発生によるプレストレス損失概念図

って残存プレストレスを計測するなどの調査が必要となることもあります．

このひび割れと類似した損傷として，**写真2-2-8〜9**に示すようにポストテンション方式の桁でシース内のグラウトが未充填の場合には，その内部に浸入した水が連結して，その膨張圧によって，桁のウェブのシースに沿ったひび割れが発生することがあります．このひび割れも前述の軸方向のひび割れと同様に耐荷力が急激に低下することはありませんが，内部の鋼材の腐食の進行度合いによっては，鋼材の破断や耐荷力低下による曲げひび割れの発生につながります．

これらの対策としては，グラウト未充填箇所へのグラウト材の再注入を行い，さらにひび割れに際しては補修を行う必要があります．

写真2-2-8 シースに沿ったひび割れ[2]

写真2-2-9 シース内部の状況

次に，支点部近傍の桁側面の中央部に**図2-2-7**のように斜め方向に発生しているひび割れがあります．これは，せん断ひび割れと呼ばれるもので，作用するせん断力に対し，プレストレ

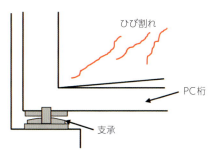

図2-2-7 支点部に発生するひび割れ

ス不足や鉄筋量不足によって発生するものです．発生メカニズムについてはRC構造の場合と同様です．特にPC構造の場合では，**写真2-2-10**のように，ウェブせん断ひび割れの事例もあります．

写真2-2-10　せん断破壊状況[4)]

　PC桁のせん断ひび割れは，**図2-2-8**に示すような形態に大別されます．さらに，そのひび割れが進展し，最終的には，**図2-2-9**に示すような破壊形態となります．このときのせん断耐力の算出は，RC桁でも同様の破壊形態をたどりますが，PC桁では，プレストレスの影響も加味する必要があります．通常は，せん断に対する照査を加味して設計が行われるため，RC桁の場合と同様に，せん断ひび割れが発生することはまれですが，破壊形態がぜい性的な破壊につながる構造的にも危険なひび割れです．架橋された橋梁で発生する条件としては，設計荷重以上の重交通車両の増大，地震発生による過大な水平力の発生などによって発生するケースです．特にPC構造物の場合，ひび割れを許容しない構造であるため，曲げひび割れと同様に積極的

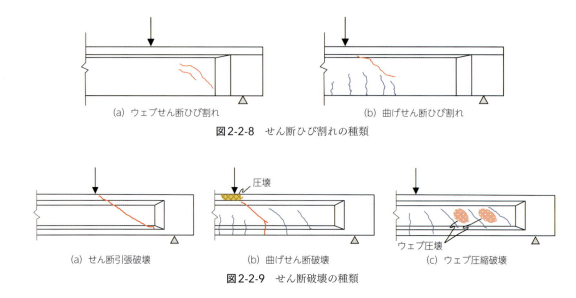

に対策を施す必要があります．

　また，桁橋や中空床版橋，箱桁橋などで橋全体に**図2-2-10**のように斜め45°方向にひび割れが発生している事例があります．このひび割れは，作用荷重によって発生するねじりに対するプレストレス不足や鉄筋量不足によって発生するものです．

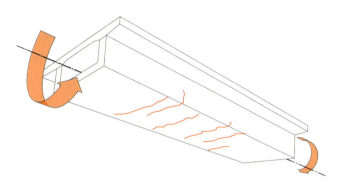

図2-2-10 ねじりモーメントによるひび割れ

　ねじりひび割れは，せん断ひび割れと同様に部材軸方向に発生する斜めひび割れですが，せん断ひび割れと違うのは，**図2-2-11**に示すように，断面の相対する面でせん断応力が異なるため，部材軸と45°の角度のらせん状のひび割れとなることです．

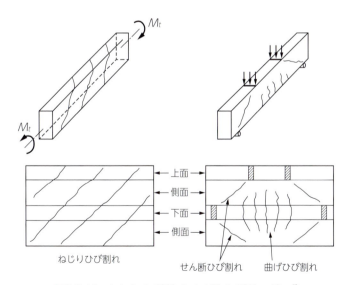

図2-2-11 ねじりひび割れとせん断ひび割れの違い[5]

　このひび割れは，せん断ひび割れと同様にぜい性的な破壊となり，最悪の場合には落橋することも考えられます．特に曲げ補強鉄筋のみの場合，その傾向が顕著であり，ねじりに対する抵抗はコンクリートの断面が支配的で鉄筋の寄与はほとんどありません．

そのため，このような破壊を防止するために，桁構造にはねじり補強鉄筋を配置しています．このねじり補強鉄筋の配置は，部材軸方向に対して45°のらせん状に配置することが望ましいのですが，配筋上の制約から，**図2-2-12**に示すように一般には軸方向鉄筋とそれを取り囲むように軸直角方向に横方向鉄筋（閉合スターラップ）との組合わせによって抵抗するようにしています．このねじりに対する抵抗力は，配置した補強鉄筋比とプレストレスの大きさによって増大します．

しかしながら，いったんひび割れが発生するとプレストレスが減少し，その抵抗値も下がってしまいます．

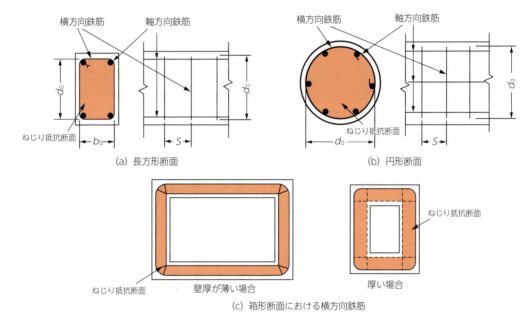

図2-2-12 ねじり補強鉄筋の配置方法[5]

これらのねじりに対する対策としては，あまり有効な手立てがありません．対策としては，ひび割れ注入，断面増厚などによるねじり剛性の回復と外ケーブルなどによる圧縮力の増大などが考えられますが，ねじりの補強に対する研究はいまだ不透明な点が多いため，採用に当たっては十分な検討が必要となります．

また，局所的に発生するひび割れの多くは，**図2-2-13～16**に示すような設計当初に配慮できなかった局部応力等によって発生している場合が大半です．これらのひび割れは設計時にすべてを予測して対応することが困難です．

これらの対策は，部位や環境条件によって異なるため，ケースごとでの対策が必要となる場合が多く，部材の力学的特性を十分に考慮しながら検討を実施する必要があります．

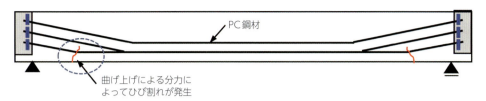

図2-2-13　PC鋼材曲げ上げ部のひび割れ

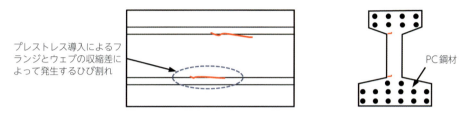

図2-2-14　PC鋼材に平行したひび割れ

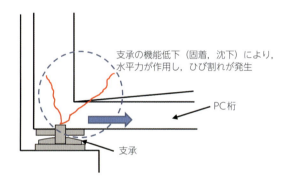

図2-2-15　桁端支点部の機能劣化によるひび割れ

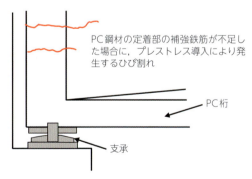

図2-2-16　PC鋼材の定着部に発生するひび割れ

2-2-4　鋼材の腐食

　鉄筋コンクリートが中性化や塩害などの影響によりアルカリ分を失い，その結果，鉄筋がさびて体積膨張し，腐食生成物により鉄筋が断面欠損したりする現象（鋼材の腐食劣化）が生じます．

ここでは，断面欠損の程度と耐荷力の低下の関係に関する研究事例を紹介します．

（1）引張鉄筋腐食によるRCはり部材の耐荷特性

塩害などの経年劣化が進んだ際に生じる鉄筋腐食がRCはり部材の耐荷性能に与える影響については，既往研究において検討されています[6]．曲げ耐力は主鉄筋の腐食に伴って低下します．せん断耐力におけるコンクリート分担力は，鉄筋腐食により増加するとともに，定着領域まで腐食した場合にはせん断耐力の低下度合いが大きくなります[7]．さらに，変形性能については，鉄筋腐食による低下度合いが耐荷力よりも大きく影響することが分かっています．

（2）ひび割れ損傷に起因する鉄筋腐食が曲げ耐力に及ぼす影響

既設コンクリート構造物では，施工などによる初期欠陥や経年劣化，さらには地震作用などの要因によりひび割れが生じているものもあります．この状態で塩害等による鋼材の腐食劣化が進行すると，耐荷力の更なる低下が懸念されます．ここでは，損傷や初期欠陥に起因する鉄筋腐食が曲げ耐力に及ぼす影響について実験的な検討結果[8]を紹介します．

RCはり試験体（長さ2.8m×高さ0.4m×幅0.2m，主鉄筋比1.11％）を用いた環境・荷重作用負荷実験では，我が国の海岸における最も厳しい塩害環境（塩水噴霧量60mg/dm^2/dayなど）を想定した環境負荷を与え，単純支持の条件で曲げ載荷試験が行われました．実験パラメータは，初期損傷の程度（鉄筋降伏前・後，局所的な圧壊）と初期欠陥の有無（かぶり剥落の模擬など）および環境作用期間（0, 12, 22, 54ヵ月）でした．

実験結果では，初期損傷の程度が鉄筋降伏直後（残留ひび割れ幅0.4mm程度）であれば，ひび割れの有無が腐食進行に及ぼす影響は小さいことが分かりました．一方，初期欠陥としてかぶりの剥落を模擬した場合には，図2-2-17に示すように，局所的な腐食が顕著となりました．

曲げ耐力は，初期損傷の程度にかかわらず，鉄筋腐食量に比例して低減しました．特にかぶり剥落部で鉄筋腐食が進行した場合には，鉄筋が破断することにより，図2-2-18に示すように，耐荷力は約7％まで大幅に低下することが示されました．このため，かぶりの剥落自体が耐荷性能に与える影響は小さいものの，かぶりが剥落した状態を長期間放置すべきではないと考えられます．

実際，コンクリート桁に発生したひび割れは，無筋コンクリートのときはさほど問題にはなりませんが，鉄筋コンクリートやプレストレストコンクリートの場合では，環境条件と相まって鉄筋やPC鋼材などが腐食し構造物の耐荷力を低下させ，長期的な耐久性の観点から様々な影響を及ぼすことになります．

鉄筋コンクリートの場合，外力に抵抗できるように図2-2-19に示すような仮定に基づき鉄筋量を計算により算出しています．しかしながら，鉄筋が腐食した場合，鉄筋の抵抗面積が減少し，その負担が大きくなってしまいます．設計では，鉄筋にある程度の余裕を持った配慮がなされていますが，鉄筋の腐食が大きくなると，その外力に抵抗できなくなって，鉄筋が破断し，最後には桁が破壊されてしまいます．

写真2-2-11は，寒冷地にあるPCスラブ橋の損傷事例ですが，寒冷地に位置するためコンクリートが凍結融解を受けてひび割れが発生し，さらにそのひび割れから内部に水分等が浸入し

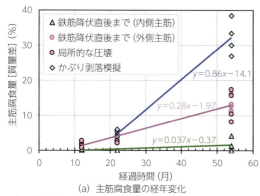

(a) 主筋腐食量の経年変化

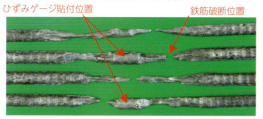

(b) 主筋の腐食状況（かぶり剥落模擬部）

図2-2-17　鉄筋腐食量の評価[8]

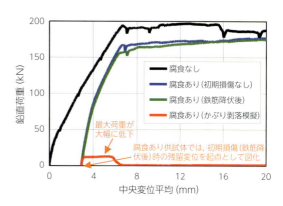

図2-2-18　載荷実験結果（RC部材）[8]

同じ環境作用期間54カ月目であれば，鉄筋腐食がない場合と比べて鉄筋降伏時の荷重が13〜20%低下したものの，初期損傷の程度が与える影響としては小さかった．一方で，かぶりコンクリートの剥落を模擬した供試体では，載荷後早期に鉄筋破断することによって，最大耐荷力が約7%に大幅に低下した．

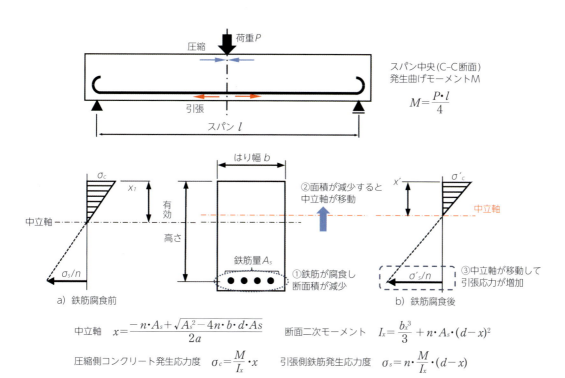

中立軸　$x = \dfrac{-n \cdot A_s + \sqrt{A_s^2 - 4n \cdot b \cdot d \cdot A_s}}{2a}$

断面二次モーメント　$I_x = \dfrac{b_s^3}{3} + n \cdot A_s \cdot (d-x)^2$

圧縮側コンクリート発生応力度　$\sigma_c = \dfrac{M}{I_x} \cdot x$

引張側鉄筋発生応力度　$\sigma_s = n \cdot \dfrac{M}{I_x} \cdot (d-x)$

図2-2-19　単鉄筋はりの発生応力の変化

て鋼材を腐食させ，かぶりコンクリートが抜け落ちています．この状態では，プレストレスが減少し，さらには，鋼材の腐食により大きく耐荷力を失った状態となっています．

写真2-2-11　PC桁の鋼材の腐食状況

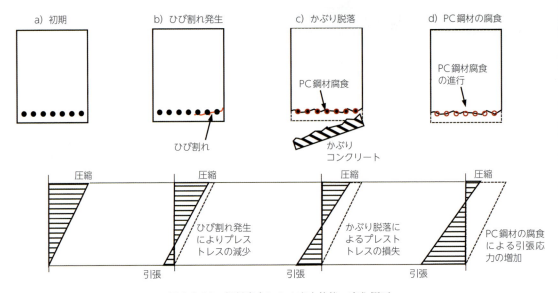

図2-2-20　鋼材腐食による応力状態の変化概要

　このPC桁の応力状態は図2-2-20に示すとおりとなります．まず，a)の段階では，プレストレストコンクリートとして全断面圧縮の応力状態となります．次に何らかの要因によってひび割れが入ると，プレストレスは減少し桁下面に引張応力が発生します（図中b)の段階）．さらに，そのひび割れから腐食因子が侵入してPC鋼材を腐食膨張させ，図中c)の段階のようにかぶりコンクリートが脱落するとプレストレスはなお減少し桁下面の引張応力はいっそう増加します．そして，PC鋼材が露出したことによって，さらに腐食は進行してPC鋼材の断面欠損が増大し，最終的にはPC鋼材の耐力を超え破断に至ります．写真2-2-11は図2-2-20 c)→d)の段階にあり，安全性を大きく損なった状態にあると言え，桁が落橋するおそれがあり，早急な対策が必要となります．以上のようにPC鋼材の腐食はコンクリート桁の耐荷力に大きなダメージを与えるものですので，現状をしっかり把握して検討を行う必要があります．

〔参 考 文 献〕

1) 「橋梁と基礎」編集委員会編：初心者のための橋梁点検講座，橋の点検に行こう！，建設図書，2016．
2) （一財）首都高速道路技術センター編：これならわかる道路橋の点検，建設図書，2015．
3) 町田篤彦編：大学土木 鉄筋コンクリート工学（改訂3版），オーム社（2014），p.90，図9・6より転載．
4) CFRP格子表面貼り付けによるPC梁のせん断実験：福山大学，広島工業大学，極東工業，さとうベネック，FRPグリッド工法研究会，公開実験，2002．
5) 小林和夫：基礎土木シリーズ6 コンクリート工学，森北出版，1994．
6) 土木学会：材料劣化が生じたコンクリート構造物の構造性能，コンクリート技術シリーズ，No.71，2006．
7) 千々和伸浩，川中勲，前川宏一：引張鉄筋定着部に腐食劣化を有するRC梁の残存耐力と未損傷領域への面的補強，土木学会論文集E2，Vol.67，No.2，2011．
8) 松尾豊史，江藤修三，松村卓郎，藤井隆：ひび割れ損傷が生じたRCはり部材の塩害劣化と曲げ耐力評価，コンクリート工学論文集，Vol.38，No.1，2016．

コンクリート構造物の未来予測

藤山　知加子

　近年の科学技術の進歩は目覚ましいものがあります．車の自動運転技術，空港などのセキュリティチェックに使われている顔認証技術，ホテルや飲食店の受付をしてくれるロボットの登場等々，数え上げればきりがありません．それらの実現に寄与しているのが，コンピュータにおける情報処理量の飛躍的な増加です．これは身近にも感じられます．著者が高校生のとき，父親が使っていたワープロに付属していたのは，大容量記憶媒体と言われた容量1.44MBのフロッピーディスクでした．しかしいつしか記憶媒体はMOやCDになり，DVDになった今は，容量は少なくとも4.7GB，数千倍です．

　当然土木の分野でも，これまで想像し得なかった大規模シミュレーションが可能になりました．梁1本や版一枚だけではなく，主構を含んだ橋梁上部工全体の非線形解析にも取り組めるようになってきています（図-1）．これにより，実物での実験が困難な大規模な構造や，長期にわたる作用の再現が，コンピュータ上で行えるようになりました．つまり，コンピュータシミュレーションによって10年後，50年後の気候変動を予測するように，10年後，50年後の構造物の劣化予測を行うこともできる時代となったわけです．

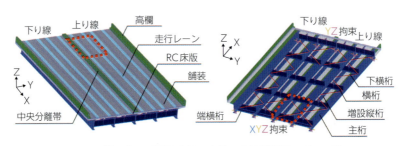

図-1　主構を含んだ橋梁上部工全体の非線形解析モデルの例

　例として，コンクリート構造物の未来予測の例を示します．まずは，鉄筋コンクリートでつくられた道路橋床版の疲労による，橋梁の変形予測です．道路橋床版の上には，毎日何千台の車が通行するでしょうか．乗用車だけでなく，時にはタンクローリーも通行するかもしれません．いずれにせよ，これら1台1台の通行によって床版や橋そのものに大変形が起こることがあってはなりませんが，何年，何十年と経つうちに，その重さの繰り返しによってコンクリートのわずかなひび割れ同士がつながり，遂には一部分が抜け落ちてしまうかもしれません（図-2）．

　また，毎日風によってゆすられている塔状構造物の基礎では，その振動の長年の積み重ねによって，コンクリート内部にいつの間にか大きなひび割れが進展している可能性もあります（図-3）．これらは，いわゆる鉄筋コンクリートの「疲労」と呼ばれるものです．こ

のような，実大構造物のスケールで，かつ膨大な時間におよび作用を考慮しなければならない現象も，近年では（少しだけ良いコンピュータを買えば！）シミュレーション可能となっています．10年前には考えられなかったことです．

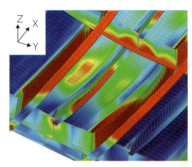
図-2 道路橋床版の変形予測例

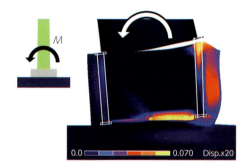
図-3 塔状構造物基礎のひび割れ予測例

このほか，コンクリートの凍結融解が繰り返される地域では，大きな地震などの作用がなくても，コンクリート表面がボロボロになってしまうことがあります．また，塩害地域に施工された構造物では，わずかなひび割れから塩化物イオンが浸透し，やがて鉄筋が腐食してしまいます．これらの現象も，温度や湿度，塩化物イオン量等の情報を得ることで，その進行を構造物単位でシミュレーションし，劣化の予測をすることが可能となってきています．

世代が変われば，同じ目的を達成するのにも，使うツールが違ってくるのは当然です．物心ついたころからスマートフォンを持っている世代に，今日の新聞の一面記事は何だったかと尋ねても，彼らは知らないと答えるかもしれません．でもそれは，彼らが社会情勢を知るのに必要な情報収集を怠ったことを意味するのではありません．逐次更新されるニュースアプリの記事を読み，動画で様々な事件事故の詳細を目の当たりにした中で，多くの情報から最も重要なニュースを自ら分析しているかもしれないのだから．では，高度で信頼性の高いシミュレーションがもっと身近になっていけば，メンテナンス技術者による構造物の点検・診断は不要となるでしょうか．

著者は，今後さらに高度なシミュレーション技術が発達しても，メンテナンス技術者による日々の構造物点検の重要性は変わらないと考えています．なぜなら，シミュレーションの入力条件としていた道路の交通量や，その地域の気温や降水量は，10年後，50年後には，十分に変わり得るからです．当時できる限りの，例えば何百通りのシナリオによる予測を用意していたとしても，10年後の状況はそのどれにも当てはまらないかもしれないのです．したがって，定期的・継続的に行われる技術者の点検で得られた現実の情報（ひび割れ幅やひび割れ間隔といった数値化できるものから，水の浸入状況や浮き・はく離の兆候などの数値化しづらい情報まで）と，シミュレーションによる予測結果の比較を常に行い，乖離があれば柔軟に条件の修正を行うことが重要です．メンテナンス技術者の役割は，この先も大きいのです．

私の思い出の橋

▶松山自動車道　重信(しげのぶ)高架橋

　松山自動車道の松山ICから西へ，一級河川重信川を渡り，道後平野を駆け抜ける全長約1.9 kmの連続高架橋です．わが国初の本格的プレキャストセグメント橋として，建設当時は日本中の注目を集めました．海外技術をふんだんに取り入れた設計や施工の斬新さとは打って変わって，派手さのないすっきりとした景観となっています．背割り橋脚による架け違い部のラーメン構造やリブ付き床版による非常駐車帯部の処理など，橋梁技術者にとって見所満載の橋です．

（本間　淳史）

形　　式	PC連続ラーメン橋箱桁橋
橋　　長	1.90 km
所在地	愛媛県
竣工年	1997年

第II編 メンテナンスの実例に学ぶ構造工学

第3章
鉄筋コンクリート床版

3-1　鉄筋コンクリート床版の構造
3-2　床版に作用する活荷重
3-3　床版の設計
　3-3-1　スラブ構造
　3-3-2　スラブの断面力に対する基本的な考え方
　3-3-3　RC床版の設計曲げモーメント
3-4　鉄筋コンクリート床版の損傷
　3-4-1　RC床版の疲労損傷
　3-4-2　床版防水層の重要性

3-1　鉄筋コンクリート床版の構造

　床版（第1編第2章35ページ）は，主桁と呼ばれる鋼桁やコンクリート桁の上に構築される板状の構造物で，主桁上に配置されたずれ止め（スタッド）や鉄筋によって主桁と一体化されます．

　床版は，その材料や耐荷構造によって，鉄筋コンクリート床版（以下，RC床版），プレストレスコンクリート床版（以下，PC床版），鋼板とコンクリートによる合成床版，および鋼板と補強リブによる鋼床版に分類されます．一般的には，経済性や維持管理の観点から，古くからRC床版が採用されています．近年では，耐久性向上の観点からPC床版も数多く採用されていますが，床版の代表的な損傷事例は，RC床版に発生していますので，本章ではRC床版を対象に解説します．

　RC床版は，床版の上側および下側に，それぞれ格子状に配置した補強鉄筋により，外力に抵抗する構造です（図2-3-1）．例えば桁と桁の間（これを床版支間部と呼びます）に荷重が載荷された場合には，下側に配置された鉄筋が引張力に抵抗し，上面部ではコンクリートが圧縮力に抵抗します．またその場合，主桁上の床版では，圧縮応力と引張応力の発生位置が上下で逆になるため，上側に配置された鉄筋が引張力に抵抗し，下面ではコンクリートが圧縮力に抵抗することになります（第1編第4章82ページ）．また，格子状に鉄筋が配置されるのは，橋軸方向（車両進行方向）と橋軸直角方向（車両進行方向と直角な方向）それぞれに応力が発生するためです．この応力の大きさは，床版の上下や配筋の方向によって異なりますので，これに伴い鉄筋の量（鉄筋径および配置間隔）が異なっています．

　RC床版は，床版支間（主桁と主桁の間隔）があまり広くなく（およそ4m以下），発生応力が比較的小さな構造に採用されます．床版の厚さは，この床版支間に応じて厚くなり，最近では二十数cm程度のものが多くなっていますが，RC床版の損傷が顕在化する昭和40年代より以前に建設されたRC床版では20cmを下回る薄い床版も存在しています．

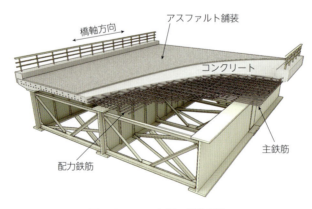

図2-3-1　RC床版の標準形状

3-2　床版に作用する活荷重

　床版の設計で考慮する荷重は，主に死荷重と活荷重です．死荷重は，床版の自重，壁高欄や舗装などの後施工荷重，遮音壁などの付属物荷重です．一方，活荷重は，道路橋の場合，L荷重とT荷重がありますが，床版では主にT荷重が対象となりますので，ここではT荷重について詳しく説明します．なお，実際の設計では，このほかにも風荷重，衝突荷重，地震荷重なども照査の対象となりますが，損傷原因となることは少ないので，ここでは説明を省略します．

　T荷重は，大型車の後輪軸を設計用の荷重としてモデル化したもので，道路橋示方書において図2-3-2のように決められています．左右のタイヤそれぞれ100 kN，合わせて1組（軸）あたり200 kNの荷重となっています．なお，タイヤの設置面における変形を考慮して，横幅500 mm，進行方向に200 mmの載荷面と定められています（図2-3-3）．設計におけるT荷重の載荷方法は，「橋軸方向には1組，橋軸直角方向には組数に制限がないものとし，設計部材に最も不利な応力が生じるように載荷する」と規定されています．

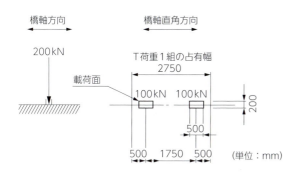

図2-3-2　道路橋示方書に示すT荷重

図2-3-3　活荷重のイメージ

3-3　床版の設計

3-3-1　スラブ構造

　床版は，その名のとおり板構造をした面部材（スラブ）です．

　スラブは，厚さが長さや幅に比べて薄い平板状の部材で，面に対して垂直に作用する荷重に抵抗する構造部材です．スラブは，周辺の2辺，3辺，4辺で連続的に支持される周辺支持スラブと，はりを介することなく柱で直接支持されるフラットスラブに分類されますが，床版は主桁により支持される1方向スラブに該当します（図2-3-4）．

　スラブに生じる断面力は，面外方向の曲げモーメント，せん断力，およびねじりモーメントですが，それらはスラブの形状寸法と支持条件により異なり複雑な応力状態になります．しか

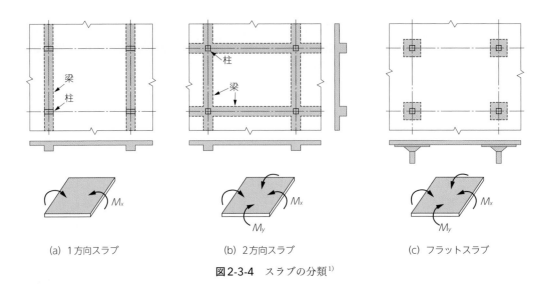

図2-3-4　スラブの分類[1)]

し，一般にスラブは薄い部材であるため，曲げモーメントが卓越し，せん断破壊の可能性は少なく，通常はせん断補強をしません．ただし，過大な集中荷重の直下および支持線の近傍ではせん断破壊に対する対処が必要となる場合があります．したがって，スラブの設計においては，まずは曲げモーメントの分布を求めることが主であり，必要に応じて，支持線近傍のせん断力，および集中荷重下の押抜きせん断に対処することになります．

3-3-2　スラブの断面力に対する基本的な考え方

スラブに作用する断面力は薄板理論より求めるのが基本ですが，厳密な計算は煩雑であり，しかも実際のRCスラブはひび割れの発生，鉄筋の降伏等により非線形な挙動を示すことより，近似的な算定方法を用いるのが一般的です．スラブに作用する曲げモーメントに対する設計の基本的な考え方は以下のとおりです．

① 曲げモーメントに対しては，はりに準じ，単位幅あたりのはりとして直交2方向について検討する．

② 図2-3-4に示すように相対する2辺で支持される1方向スラブについては主方向（スパン方向）に主鉄筋を配置し，直交方向に配力鉄筋を配置する．4辺で支持される2方向スラブについては薄板理論，もしくは近似式により曲げモーメントを求め，その大きさに応じて直交2方向に配筋する．

③ 2方向スラブの場合であっても，短スパン l_x と長スパン l_y の比率 l_x/l_y が0.4ないし0.5以下の場合には1方向スラブとして扱う．

一方，せん断力に対しては，

① はり部材として支点近傍におけるせん断力に対して検討する．

② 集中荷重を受ける場合やフラットスラブの支点近傍では押抜きせん断破壊に対して検討する．

なお，1方向スラブは主方向のはりで外力に抵抗すると考えますが，主方向に直交する方向にも曲げモーメントが発生するため，スパン直角方向にも鉄筋を配置する必要があり，これを配力鉄筋と呼びます．配力鉄筋はコンクリートの乾燥収縮や温度変化に伴うひび割れの防止にも役立ちます（**図2-3-5**）．

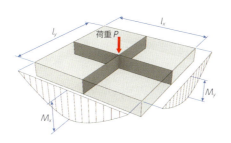

図2-3-5 2方向の曲げモーメント

3-3-3 RC床版の設計曲げモーメント

実際のスラブでは支持条件も様々で，支持線上でスラブが連続する場合や，斜角のあるスラブなどがあり，現在のようにコンピュータの発達していない時代には，手計算で厳密解を求めることはほぼ困難であることから，各種の設計規準において曲げモーメント（第1編第4章62ページ）の近似解を用いて設計していました．道路橋示方書[2]においてもコンクリート床版の設計のための輪荷重を想定した独自の曲げモーメント式が与えられています（**表2-3-1**）．

この場合，橋軸方向（車両進行方向）と橋軸直角方向（車両進行方向に直角な方向）のどちらをはりとして考えた場合の支間とするかですが，一般的には，主桁と主桁に支持された方向のはりと考えて，橋軸直角方向（車両進行方向に直角な方向）を床版の支間として設計します．したがって，これを床版支間と呼び，この方向（橋軸直角方向）に配置される鉄筋を主鉄筋と呼びます．そして，これに対して橋軸方向に配置される鉄筋を配力鉄筋と呼び，この方向を配力鉄筋方向と呼びます（**図2-3-6**）．

図2-3-6 床版の設計方向

床版の設計は，主に床版厚さの設定，ならびに床版に作用する断面力（曲げモーメント）の算出とそれによる配筋の決定（鉄筋応力の照査）です．ここで，床版厚さの設定方法およびT荷重による床版の設計曲げモーメント（**表2-3-1**）は，前述の道路橋示方書に規定されていますので，いずれも床版支間に応じて容易に算出することが可能となっています．

表2-3-1 T荷重（衝撃を含む）による床版の単位幅（1m）あたりの曲げモーメント（kN・m/m）[2]

床版の区分	曲げモーメントの種類	構造	床版支間の方向／曲げモーメントの方向／適用範囲	車両進行方向に直角		構造	床版支間の方向／曲げモーメントの方向／適用範囲	車両進行方向に平行	
				支間方向	支間に直角方向			支間方向	支間に直角方向
単純版	支間曲げモーメント	RC	$0<L\leq4$	$+(0.12L+0.07)P$	$+(0.10L+0.04)P$	RC	$0<L\leq4$	$+(0.22L+0.08)P$	$+(0.06L+0.06)P$
		PC	$0<L\leq8$			PC	$0<L\leq6$		
連続版	支間曲げモーメント	RC	$0<L\leq4$	$+$（単純版の80%）	$+$（単純版の80%）	RC	$0<L\leq4$	$+$（単純版の80%）	$+$（単純版の80%）
		PC	$0<L\leq8$			PC	$0<L\leq6$		
	支点曲げモーメント	RC	$0<L\leq4$	$-(0.15L+0.125)P$	—	RC	$0<L\leq4$	$-$（単純版の80%）	
		PC	$0<L\leq8$			PC	$0<L\leq6$		
片持ち版	支点曲げモーメント	RC	$0<L\leq1.5$	$(-P\cdot L)/(1.30L+0.25)$	—	RC／PC	$0<L\leq1.5$	$-(0.70L+0.22)P$	—
		PC	$0<L\leq1.5$						
		PC	$1.5<L\leq3.0$	$-(0.60L-0.22)P$		PC	$1.5<L\leq3.0$		
	先端付近曲げモーメント	RC	$0<L\leq1.5$	—	$+(0.15L+0.13)P$	RC	$0<L\leq1.5$	—	$+(0.16L+0.07)P$
		PC	$0<L\leq3.0$			PC	$0<L\leq3.0$		

ここに，RC：鉄筋コンクリート床版
　　　　PC：プレストレスコンクリート床版
　　　　L　：T荷重に対する床版の支間（m）
　　　　P　：T荷重の片側荷重（100 kN）

3-4　鉄筋コンクリート床版の損傷

　道路橋における床版は，橋梁（上部構造）を構成する部材の中でも，舗装を介して交通荷重を直接支持する特に重要な部材であり，床版の損傷は，道路機能の消失に直結しやすいことから，床版は橋梁の維持管理においてかなりのウエイトを占めています．床版は，交通荷重（活荷重）の繰返しだけでなく，雨水や凍結防止剤（塩分）などの浸入を絶えず受ける過酷な供用環境にあるため，その耐久性の確保，ならびに変状が発生した場合の早期発見と速やかな措置（補修・補強）が重要です．床版に生じる代表的な損傷事例を，**写真2-3-1**および**写真2-3-2**に示します．

　床版の損傷は，道路機能だけでなく，上部構造全体の耐荷力低下にも大きく影響します．橋梁の構造には，設計上，上部構造の剛性に床版を考慮しない非合成桁構造と呼ばれるものと，主桁に加えて，床版の剛性も上部構造の剛性に考慮して荷重に抵抗する合成桁構造がありますが，後者の場合は，床版の損傷が橋梁全体に与える影響がより深刻であることが分かると思い

ますので，床版の維持管理を行ううえでは，対象とする橋梁が非合成桁として設計されたものか，合成桁として設計されたものかを確認しておくことが重要です．

近年では，この床版の耐久性を向上させるために，床版防水層の設置による予防保全も積極的に行われており，床版の長寿命化を図ることは，上部構造全体の長寿命化を図ることにつながることが理解できます．

写真2-3-1　RC床版下面の疲労損傷

写真2-3-2　RC床版上面の土砂化

3-4-1　RC床版の疲労損傷[3]

RC床版の代表的な損傷は，交通荷重の繰返し作用による疲労劣化，および舗装の損傷や凍結防止剤散布に伴う床版上面の土砂化です．ここでは，前者の疲労劣化について説明します．

昭和40年代前半ごろから道路橋床版のコンクリートが一部抜け落ちるような損傷事例が発生したことを踏まえて，数多くの研究が行われた結果，この損傷問題は大型車両の通行台数の急速な増加と過積載車両の増大による一種の疲労損傷であることが判明しました．

RC床版の疲労による劣化損傷過程，いわゆる損傷メカニズムは，図2-3-7に示す4つの段階に分けられます．

（段階Ⅰ）
乾燥収縮および重車両の走行により，曲げ強度の小さい配力鉄筋断面の曲げひび割れ，すなわち橋軸直角方向のひび割れが床版下面に発生し始めます．

（段階Ⅱ）
交通荷重の繰返し載荷により，橋軸直角方向のひび割れ本数が増加して，版として機能していた床版の異方性化が進み，あたかも橋軸方向に並べられたはりのような状態に近くなります．この結果，床版の曲げモーメントが主鉄筋方向に再配分されて橋軸方向の曲げひび割れも発生するようになります．このような状態を2方向ひび割れと呼んでいます．

（段階Ⅲ）
段階Ⅱで生じた2方向ひび割れは，垂直およびねじりせん断力によって床版下面全体に進展して亀甲状になります．この状態になると，床版の上面にも橋軸直角方向のひび割れが生じるようになり，その一部は下面のひび割れと一体化して貫通します．ここに路面の雨水等が浸入

した場合には，床版下面に遊離石灰が析出することになります．
（段階 IV）

　貫通ひび割れを有する床版上を輪荷重が繰り返し走行することにより，ひび割れの開閉やこすり合わせが繰り返されることになります．これによってひび割れに面したコンクリートの角落ちや剥落が発生します．これを放置して供用を続けると，重車両の輪荷重によって押抜きせん断破壊による局部的な陥没が発生してしまい，床版が耐荷力を失って終局状態を迎えることになります．

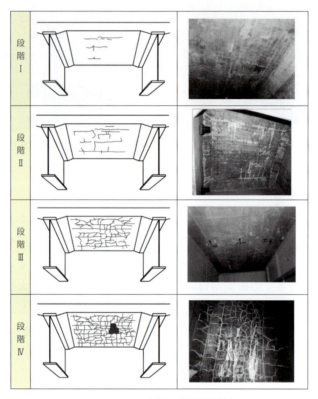

図 2-3-7　RC 床版の疲労損傷過程

　昭和 30 年代の後半ごろから 40 年代の前半にかけて設計された道路橋の床版は，高強度の異形鉄筋（SD30）の開発により鉄筋の発生応力度（許容応力度）を高く設定（$\sigma_{sa}=1{,}800\,\mathrm{kgf/cm^2}$）していたこと，コンクリートの高強度化によって断面を絞り込んだ（薄くした）ものが最適設計とされていたこと，さらには昭和 48 年の道路橋示方書の改定以前は配力鉄筋がかなり少ないことなどによって，この疲労損傷に対する抵抗力が著しく低いことに注意が必要です．

　RC 床版の疲労耐久性は，輪荷重走行試験（**写真 2-3-3**）による研究成果によって，床版のせん断耐力とよい相関が得られることが分かっています．**図 2-3-8** は，せん断耐力に対する作用力の比率 S（縦軸）と輪荷重繰返し載荷回数 N（横軸）を模式的に示したもので，通称 S-N 線図と呼ばれるものです．この図における横軸は対数になっていますので，作用せん断力（P）が大き

い（もしくはせん断耐力（P_0）が小さい）場合には，指数的に破壊までの疲労回数が下がることが分かります．ちなみに，実験的には約12乗の関係にあるとされています．

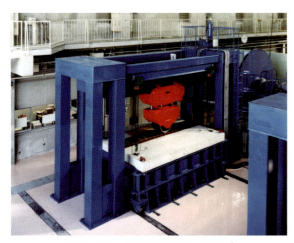

写真2-3-3　輪荷重載荷試験の様子[4]

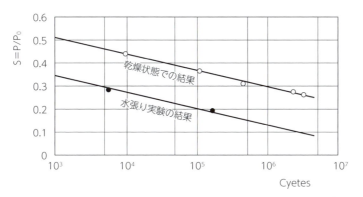

図2-3-8　RC床版のせん断耐力と疲労載荷回数の関係（S-N線図）[5]

3-4-2　床版防水層の重要性[5),6)]

平成14年の道路橋示方書において，道路橋の床版には床版防水層を設置することが定められました（図2-3-9）．

3-4-1で述べた床版の劣化損傷過程において，段階ⅢやⅣでは，ひび割れへの水の浸入が影響することについて説明しました．ここで，せん断耐力と疲労載荷回数の関係を示した図2-3-8（S-N線図）では，水張り実験の結果についても示しています．この水張り実験とは，床版の上面に水を張った状態で行う輪荷重走行試験のことです．これによれば，水を張らない状態（乾燥状態）に比べて，大幅に疲労耐久性が低下していることが分かります．疲労寿命でいえばおよそ1/100くらいまで低下する可能性が示されており，床版防水層の設置により床版内への水の浸入を防ぐことが，床版の耐久性を確保するためにいかに重要であるかが分かります．

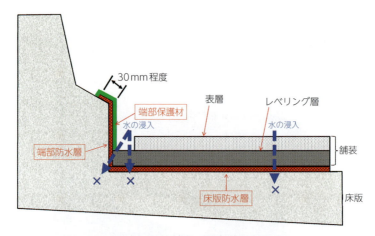

図2-3-9 床版防水層の概要（高速道路の例）

（a）アスファルトシート系

（b）塗布系

写真2-3-4 床版防水工の施工例[7]

　また，床版のもう一つの代表的な損傷である上面の土砂化に対しても，雨水や塩分の浸入を防止するために床版防水層の重要性が判断できます．

〔参 考 文 献〕
1) 吉川弘道：鉄筋コンクリートの解析と設計―限界状態設計法の考え方と適用，丸善，1995．
2) 日本道路協会：道路橋示方書・同解説（Ⅲコンクリート橋・コンクリート部材編），丸善，2017．
3) 松井繁之編著：道路橋床版―設計・施工と維持管理―，森北出版，2007．
4) 土木研究センター：道路橋床版の輪荷重走行試験機，土木技術資料38-3，1996．
5) 松井繁之：移動荷重を受ける道路橋RC床版の疲労強度と水の影響について，第9巻，第2号，コンクリート工学年次論文報告集，日本コンクリート工学協会，pp.627〜632，1987．
6) 日本道路協会：道路橋床版防水便覧，丸善，2007．
7) 谷倉泉：道路橋の維持補修―「床版防水」その1，道路構造物ジャーナルNET

第II編 メンテナンスの実例に学ぶ構造工学

第4章
ゲルバーヒンジ部

4-1　ゲルバー形式
4-2　ゲルバーヒンジの構造特性
4-3　ゲルバーヒンジの応力特性
4-4　ゲルバーヒンジ部の損傷と原因
　4-4-1　RCヒンジ部のひび割れ
　4-4-2　RCヒンジ部の漏水，鉄筋露出，土砂化
　4-4-3　鋼ヒンジ部の亀裂
　4-4-4　鋼ヒンジ部の腐食
4-5　再劣化および再損傷の事例
　4-5-1　再劣化の事例
　4-5-2　補強材の再損傷

4-1　ゲルバー形式

　3径間の中央に2つのヒンジを設けた形式が**ゲルバー形式**（第1編第1章11ページ）です．2つの橋脚から片持ち式の桁を張り出し，その間に吊桁と呼ばれる単純桁を載せる構造形式です．**写真2-4-1, 2**にゲルバー形式の例を示します．**図2-4-1, 2**に**ゲルバーヒンジ**（第1編第4章60ページ）の構造を示します．本章では，中間ヒンジのうち，ゲルバー桁のヒンジをゲルバーヒンジとしています．

写真2-4-1　ゲルバー形式（コンクリート橋）

写真2-4-2　ゲルバー形式（鋼橋）

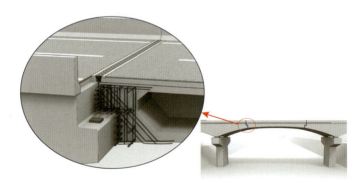
図2-4-1　ゲルバーヒンジの構造（コンクリート桁）

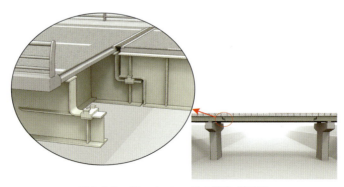
図2-4-2　ゲルバーヒンジの構造（鋼桁）

4-2　ゲルバーヒンジの構造特性

　ゲルバー桁は，図2-4-3のように桁を数径間並べるよりもヒンジ形式とすることによって全体の曲げモーメントが小さくなり桁高を低く，径間を伸ばすことができることから支間30 m以上の鉄筋コンクリート桁橋に多く用いられてきました．また，設計計算が簡単になることも，ゲルバー形式が多く用いられてきた理由として挙げられます（第1編第4章82ページ）．

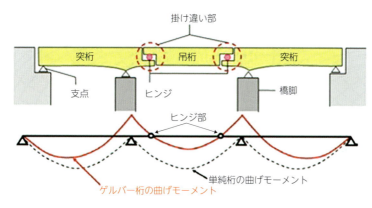

図2-4-3　ゲルバー桁の構造的特徴[1]

4-3　ゲルバーヒンジの応力特性

　ゲルバーヒンジは，図2-4-4に示すように切欠きによる断面の急激な変化や主桁反力作用により局部応力が生じていて，複雑な応力状態になります．一方で，ゲルバーヒンジ部は図2-4-5のように補強鋼材が多く配置されて，コンクリートの打ち込みなど施工しにくい箇所であり，施工時に充填不良や収縮ひび割れなどが生じやすくなります．さらに，伸縮装置から雨水の漏水により損傷が促進され，構造上の弱点となりやすい特徴があります．

図2-4-4　ヒンジの概略図[2]

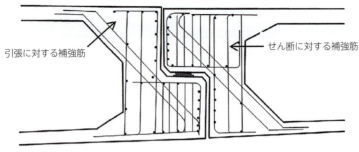

図2-4-5　ヒンジ部の配筋例[3]

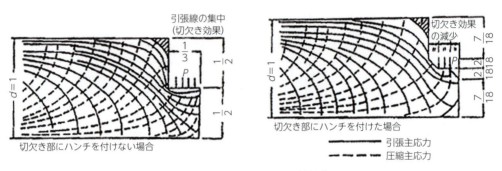

図2-4-6　ヒンジ部の応力状態[4]

　図2-4-6にゲルバーヒンジ部の応力状態を示します．隅角部により応力が集中していることが分かります．応力集中の緩和と力の流れを円滑にするために，隅角部にハンチを設けるなどの配慮が行われていない場合は，特に損傷の発生が懸念されます．

4-4　ゲルバーヒンジ部の損傷と原因

4-4-1　RCヒンジ部のひび割れ

　コンクリート桁のゲルバーヒンジ部では，断面急変部での応力集中や衝撃の繰返しにより，斜めのひび割れが発生します．ひび割れの発生位置は，吊桁側または定着桁側に発生する場合があるほか，内部の配筋状況によって損傷位置が異なり，支承から発生する場合，断面急変部から発生する場合，定着桁の内部に発生する場合があります．

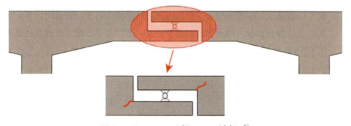

図2-4-7　ヒンジ部のひび割れ[5]

原因としては，車両の大型化による耐荷力不足や繰返し荷重のほか，支承の機能障害，地震動等による外力が考えられます．

このような損傷が著しくなると，ヒンジ部で応力が十分伝達することができなくなり，その結果，吊桁が下がり伸縮装置に段差が生じるなど，使用性や安全性に支障が生じます．

写真 2-4-3 ヒンジ部のひび割れの例

4-4-2　RC ヒンジ部の漏水，鉄筋露出，土砂化

RC ヒンジ部において，漏水や鉄筋露出，土砂化が見られる場合があります．

原因としては，伸縮装置の不具合による漏水，水掛かりに起因する塩害や中性化，凍害によるコンクリートの劣化が考えられます．このように，部材が減少すると，ヒンジ部での応力伝達が困難となることがあります．

 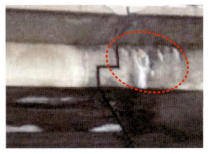

（a）漏水および植物繁茂　　　　　（b）漏水および白色析出物

（c）漏水および鉄筋露出　　　　　（d）漏水および土砂化

写真 2-4-4 ヒンジ部の漏水，鉄筋露出，土砂化の例

4-4-3 鋼ヒンジ部の亀裂

切欠き円弧部のフランジと腹板を接合する，すみ肉溶接部に亀裂が発生し，それが腹板内に進展する場合があります．この種の損傷は，腹板の亀裂の進展状況によっては重大事故につながるおそれがあることから，定期的な点検の実施により損傷の軽微なうちに早期発見し，適切な補修補強を施すことが必要です．亀裂が生じる原因としては，掛け違い部のコーナー部に過大な応力が集中することが挙げられます．

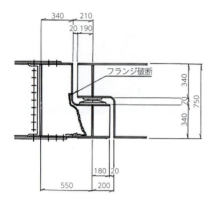

写真2-4-5 鋼ヒンジ部の亀裂の例[6]

4-4-4 鋼ヒンジ部の腐食

鋼ヒンジ部において腐食が見られる場合があります．

原因としては，伸縮装置の不具合による漏水，水掛かりに加え，冬期凍結防止剤散布による塩害が腐食を助長します．腐食によって断面が減少すると，ヒンジ部で応力が確実に伝達することが難しくなります．

写真2-4-6 鋼ヒンジ部の腐食の例

4-5 再劣化および再損傷の事例

4-5-1 再劣化の事例

ヒンジ部の補強を行う際には，伸縮装置等の排水施設の漏水対策を確実に行うことが重要であることを先に述べましたが，この対策が不十分であることで対策後に再劣化を生じた事例を紹介します．

ヒンジ部において，断面修復や鋼板接着により補修・補強が行われましたが，漏水対策が不十分であるために，再劣化が生じています．このように，漏水対策が不十分であると，補修を繰り返すこととなり，維持管理コストが増加します．

写真2-4-7　ヒンジ部の再劣化事例[7]

4-5-2 補強材の再損傷

ヒンジ部の支持部材が脱落した事例を示します．ヒンジ部の耐荷力向上のため，補強吊部材（PC鋼材）により支持部材（鋼部材）を桁下に設置し，補強吊部材として，吊桁荷重を支持桁に伝達

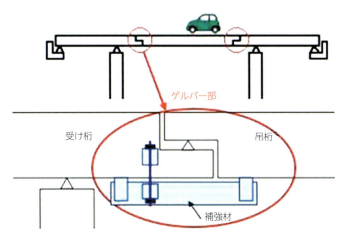

図2-4-8　ゲルバーヒンジ部の支持部材（補強材）の概要[8]

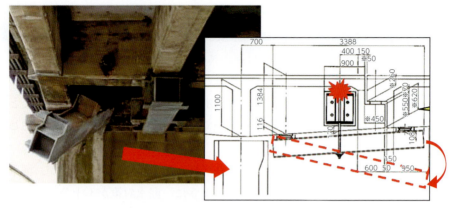

図2-4-9　支持部材（鋼部材）の脱落状況[9]

させる吊桁支持工法が施工されました．

　上記，鋼製の支持部材が脱落しているのが確認されました．脱落の原因は，支持部材を支えていたPC鋼材の上部マンションねじ部が破断し，支持力を失って支持部材が脱落したと考えられます．

〔参 考 文 献〕
1) 土木研究所構造物メンテナンスセンター木村嘉富：http:// www.pwrc.or.jp/yougo_g/pdf_g/y1301-P058-058.pdf.
2) 道路保全技術センター：コンクリートゲルバー橋補強対策マニュアル（案），1．コンクリートゲルバー橋の現状と課題，1.2かけ違い部の構造特性，1996．8.
3) 国土技術政策総合研究所：道路構造物管理実務者研修（橋梁初級I）道路橋の定期点検に関するテキスト，2015．5.
4) 道路保全技術センター：コンクリートゲルバー橋補強対策マニュアル（案），1．コンクリートゲルバー橋の現状と課題，1.2かけ違い部の構造特性，1996．8.
5) 首都高速道路技術センター：これならわかる道路橋の点検，5．コンクリート橋の点検，建設図書，2015．12.
6) 道路保全技術センター：既設橋梁の破損と対策，山神橋の損傷状況について，1992．12.
7) 道路管理者のための実践的橋梁維持管理講座，2011．8.
8) 近畿地方整備局道路の維持管理道路の老朽化対策2．老朽化対策道路の損傷事例
　　https://www.kkr.mlit.go.jp/road/maintenance/roukyu/taisaku02.html.
9) 現場に学ぶメンテナンスゲルバーヒンジ部補強吊り部材脱落の対応事例，土木技術資料55-1，2013．1.

第II編 メンテナンスの実例に学ぶ構造工学

第5章
桁端・支承部

5-1 桁端・支承部の構造
  5-1-1 桁端部の床版
  5-1-2 端横桁および端対傾構
  5-1-3 支　承　部
  5-1-4 遊　　間
  5-1-5 伸 縮 装 置
5-2 桁端・支承部の損傷
  5-2-1 鋼部材の腐食損傷
  5-2-2 コンクリート桁端部の損傷
  5-2-3 遊間の異常
  5-2-4 支承部の損傷
私の思い出の橋

5-1　桁端・支承部の構造

桁端部には，支承，端横桁または端対傾構，支承，遊間，伸縮装置が存在します．**図2-5-1**および**図2-5-2**に桁端部の部材の名称を示します．はじめに，これら桁端部を構成する部材の構造について説明をします．

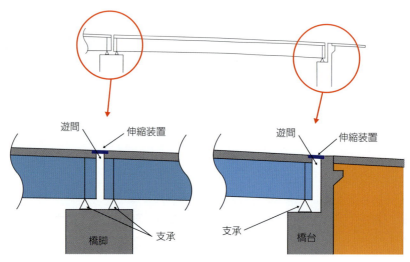

図2-5-1　桁端部の部位(1)

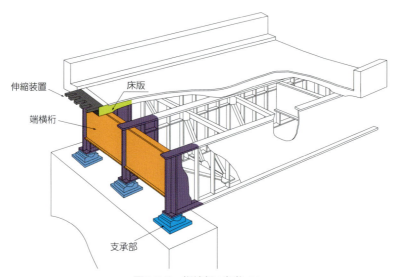

図2-5-2　桁端部の部位(2)

5-1-1　桁端部の床版

　桁端部は，桁だけでなく床版も端部となり，コンクリート版の連続性が断たれるので，一般部に比べて，大きな曲げモーメントが発生することが確認されています[1]．また，後述する伸縮装置が設けられており，舗装と伸縮装置の不陸がある場合には，自動車の衝撃荷重が床版に作用します．新しく橋を設計する場合においては，これらを配慮したものとなっていますが，古い橋梁は，床版端部に対する補強が十分でない橋梁も存在し，損傷が発生しやすい箇所のひとつであることを念頭に置く必要があります．

5-1-2　端横桁および端対傾構

　桁端部の端横桁および端対傾構は，主桁間を接続するように配置され，床版からの荷重を支持するほか，桁全体に作用する風や地震といった横方向からの荷重を，支承を介して下部構造に伝達させる役割を有しています．

5-1-3　支　承　部

　支承部は，支承本体，上部構造と下部構造の取付け部材および沓座モルタル（第1編第2章22ページ）によって構成されています．支承部は，温度の変化や自動車荷重を受ける（第1編第2章22ページ）ことから，橋梁の部材の中でも四六時中，働いている部位となります．ちなみに，平成29年度の「道路橋示方書（Ⅰ共通編）」の用語の定義において，新たに上部構造と下部構造を接続するための構造部位として，「上下部接続部」が定義され，支承部は，上下部接続部となりました．

5-1-4　遊　　　間

　遊間（第1編第2章23ページ）は，桁端部と橋台のパラペット（第1編第1章3ページ）に設けられる隙間のことを言い，大規模な地震以外の温度の変化や自動車荷重による作用によって生じる桁の水平変位の発生に対して，桁と橋台のパラペットが衝突しないようになっています．遊間があるがゆえに，路面上から，土砂や雨水，寒冷地では塩分が混じった路面凍結防止剤を容易に通過させることになります．このことを考えると遊間は設けたくないのが本音ですが，橋の機能上は必要なものです．

5-1-5　伸縮装置

　桁端部の遊間には，道路の連続性を確保するために，桁端部と橋台のパラペットを跨ぐように伸縮装置を設置します（第1編第2章23ページ）．伸縮装置は，遊間を通過する自動車の荷重を直接支持する構造として設計します．「遊間」で説明したとおり，伸縮装置が損傷すると，種々の劣化因子が容易に桁下に漏れ出すことになります．また，平たん性を失うと，騒音，振動の発生源になり，沿道環境に影響を及ぼすなど，健全性を維持することが特に重要な部材です．

5-2　桁端・支承部の損傷

　ここでは，桁端部に生じた損傷の事例を挙げながら，損傷が発生したときに生じる耐荷性能および耐久性能の低下などの構造的な影響の説明をします．

5-2-1　鋼部材の腐食損傷

　桁端部は，伸縮装置からの漏水，土砂の侵入・堆積が生じやすい箇所です．また，部材が入り組む箇所であることに起因した風通しの悪さから，橋の中でも腐食（第1編第5章109ページ）が問題になりやすい箇所となっています．

　図2-5-3は鋼橋Ⅰ桁，H形鋼桁単純桁における腐食の部位損傷数を示したものですが，桁端部である「端支点」で損傷が卓越している傾向が明らかです．

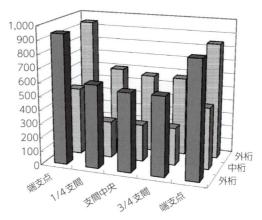

図2-5-3　腐食の部位別損傷数[2]

　腐食によって局部的に板厚が減少し，極端な場合では，写真2-5-1に示すような断面欠損や主部材に孔があくような損傷（孔食）が生じる例も報告されています．

写真2-5-1　主部材の孔食事例（右は拡大写真を示す）

桁端部の支承部付近は，上部構造に作用する荷重を確実に支持して下部構造に伝達する役目を担っているため，このような断面欠損や孔食は，耐荷性に対する性能低下の影響が大きいと言えます[3]．

　また，**図2-5-4**に示すように，支承の腐食が進行すると沓座モルタルの劣化による沈下，傾斜が生じ，伸縮装置の劣化が進行し，更なる漏水を導く負の連鎖が発生します．

　対策を講じる場合には，腐食損傷が生じた箇所だけでなく，損傷の主原因となっている水の浸入経路を見つけたうえで，水分供給を絶つことが重要です．

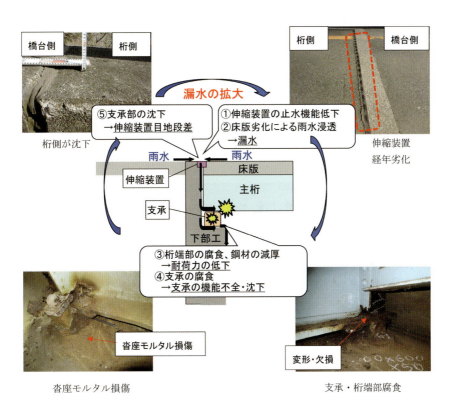

図2-5-4　桁端部損傷のメカニズム

　断面欠損が生じた箇所は，板厚減少量を確認し，損傷評価や健全性の診断に資する定量的情報を得ることが重要なため，ワイヤブラシなどを用いて腐食部を除去した後（**写真2-5-2**），ノギスを用いて板厚計測を行います．

5-2-2　コンクリート桁端部の損傷

　コンクリート桁の桁端部の代表的な損傷として，**写真2-5-3**にひび割れと剥離・鉄筋露出が生じた事例を示します．鉄筋などの鋼材の腐食は，常時乾燥している場合や常時滞水している場合と比べて，乾湿の繰返しを受ける場合に進みやすくなります[5]．伸縮装置から漏水した水がコンクリート内部に浸透する現象が繰り返されるだけで，コンクリートの桁端部にこのよう

第Ⅱ編　メンテナンスの実例に学ぶ構造工学

写真2-5-2　腐食部の板厚計測[4]

写真2-5-3　コンクリート桁端部の損傷[4]

な損傷を引き起こすことになります．

　加えて，桁端部の主桁は，鉄筋やPC緊張材（第1編第2章32ページ）とその定着部，支承のアンカーなどの鋼材が密集しているため，建設時において，初期欠陥が生じやすい箇所に該当します．例えば，鉄筋のかぶりが小さく施工された場合では，**写真2-5-3**のような損傷が発生しやすくなります．

　また，漏水の浸透と損傷の発生にも様々なメカニズムがあります．外観上は，同じようなひび割れと剥離・鉄筋露出でも，主たる損傷発生の原因を特定し，適切な対策を講じる必要があります．ここでは，コンクリートの桁端部に見られた損傷要因について説明します．

(1) アルカリ骨材反応による劣化

　1980年代までに建設された橋梁は，アルカリ骨材反応に対する抑制対策[6]が実施されておらず，有害な骨材の使用など，潜在的にアルカリ骨材反応による劣化を考慮する必要があります．

　アルカリ骨材反応による劣化では，コンクリート表面から浸入した水分によって骨材の周囲のゲルが膨張反応を示し，コンクリートにひび割れが生じます（第1編第5章128ページ）．さらに劣

化が進行すると，ひび割れからの水の浸入によって鉄筋の腐食や，場合によっては破断に至る場合もあります．コンクリート表面にさび汁の発生や，段差を伴うひび割れが見られる場合には，部材の耐荷力の低下が疑われます．

アルカリ骨材反応の進行には，水分の供給が必要となることから，伸縮装置からの漏水の発生がある場合には，劣化の進展が懸念されます．

写真 2-5-4 にアルカリ骨材反応による損傷事例を示します．

なお，アルカリ骨材反応は，アルカリシリカ反応（ASR），アルカリ炭酸塩岩反応，アルカリシリケート反応の3つに分類されていますが，通常我が国でアルカリ骨材反応と言われているものは，一般にアルカリシリカ反応（ASR）を指します．

写真 2-5-4　アルカリ骨材反応による損傷事例[7]

（2）塩害による劣化

寒冷地など，冬期に路面凍結防止剤を散布する地域においては，路面凍結防止剤の塩分（塩化物イオン）が混じった水が桁端部に漏水することに起因した塩害が発生します．コンクリート表面から塩分が侵入すると，鉄筋位置における塩化物イオン濃度が高まり，腐食発錆限界濃度を超えると，鉄筋にさびが発生します．さらに，塩分の浸透が続いた場合，鉄筋の腐食が進行し，

写真 2-5-5　桁端部の塩害損傷事例

コンクリート内部の鉄筋の体積が増加することで，コンクリートにひび割れを発生（第1編第5章 128ページ）させ，かぶり部分を剥離させたりします．

写真2-5-5に，塩害による桁端部の剥離・鉄筋露出の損傷事例を示します．鉄筋が発錆しても，直ちに構造物の性能低下には影響はしませんが，腐食に起因したひび割れがコンクリートに発生した場合，耐久性，耐荷力の低下が懸念されます．

アルカリシリカ反応と塩害の話をしましたが，路面凍結防止剤には，塩害を引き起こす塩化物イオンに加えてアルカリシリカ反応を助長するアルカリイオンが含まれています．図2-5-5に示すように路面凍結防止剤の散布環境では，塩害とアルカリシリカ反応が複合した劣化となることがあります．

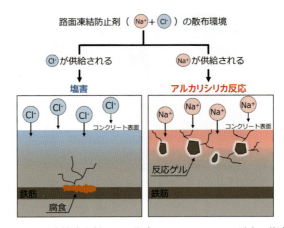

図2-5-5　路面凍結防止剤による塩害とアルカリシリカ反応の複合劣化

（3）損傷のメカニズム

コンクリート部材の桁端部の損傷のメカニズムを**図2-5-6**に示します．**5-2-1 鋼部材の腐食損傷**と同様，対策を講じる場合には，腐食損傷が生じた箇所だけでなく，損傷の主原因となっている水の浸入経路を見つけたうえで，水分供給を絶つことが重要です．

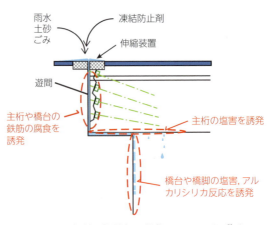

図2-5-6　コンクリート部材の桁端部の損傷のメカニズム[8]（図はPC桁の例）

5-2-3 遊間の異常
(1) 桁遊間の異常

　桁端部の桁と橋台の胸壁には隙間（遊間）があると説明しましたが，外観変状において，これがない場合があります．このような場合は，温度変化などによる桁の伸び縮みが拘束されることになり，通常は桁に作用しない軸力が発生します．この軸力の作用は，設計で考慮しているものではないため，桁端部に他の損傷を生じさせる場合があります．

　写真2-5-6に桁端部の遊間異常，**写真2-5-7**にそれに伴って生じた支承部の亀裂発生の例を示します．

　遊間の異常と亀裂の発生の関連性を示すメカニズムを**図2-5-7**に示します．桁とパラペット

写真2-5-6 桁端部の遊間異常

写真2-5-7 垂直補剛材の亀裂

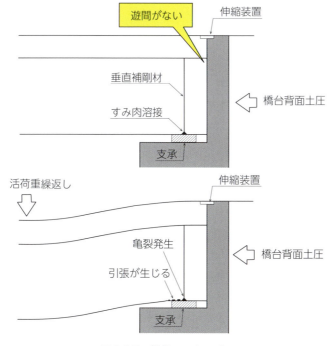

図2-5-7 損傷のメカニズム

が接触した状態で，活荷重による変動作用を受けるため，垂直補剛材の取付け部に繰り返し引張応力が作用し，疲労によって亀裂が生じたものと考えられます．

(2) 伸縮装置の遊間の異常

写真2-5-8のように，鋼製の伸縮装置の隙間（遊間）がない状態となっていることがあります．一方，この事例では，写真2-5-9のとおり，桁端部の桁と橋台のパラペットには隙間（遊間）があり，桁遊間の異常は発生していませんでした．

写真2-5-8　伸縮装置の遊間

写真2-5-9　同じ箇所の桁遊間

桁端部の変状を調査した結果，写真2-5-10に示す主桁のウェブに微小な変形が発見されました．図2-5-8に，主桁のウェブ変形のメカニズムを示します．桁の温度上昇による伸張に対して，伸縮装置の遊間がないことから，伸びが固定されたため，主桁ウェブが圧縮された状態になり，変形が発生したと推察されます．

このように，遊間の異常がある場合は，桁端部の部位をより注意深く観察し，他の部材に異常を来していないか確認することが肝要です．

写真2-5-10　主桁のウェブの変形

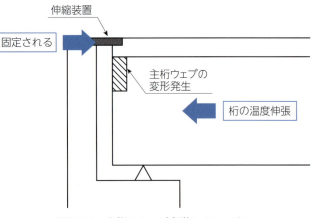

図2-5-8　主桁のウェブ変形のメカニズム

5-2-4 支承部の損傷

　支承部は，鉛直力支持機能および水平力支持機能を有し，かつ上部構造が温度の変化や自動車荷重による作用を受けた場合でも，路面を走行する車両を安全に通行させるための機能が要求されています．ここでは，支承部の損傷に対する構造的影響について説明します．

(1) ゴム支承のオゾン劣化

　写真2-5-11は，ゴム支承のオゾン劣化の事例[8]です．オゾン劣化とは，ゴムの分子構造がオゾンの影響を受けて生じる劣化のことで，オゾン劣化を受けたゴム体に引張力が発生すると亀裂が生じやすくなります．

　ゴムの表面に亀裂が発生した程度では，鉛直荷重支持機能は維持していると考えられます．ただし，損傷を放置しておくと，亀裂が内部鋼板にまで進展して鋼板の腐食が想定されるため，補修は必要となります．水平荷重支持機能に対しては，別途に荷重を支持するなどの対応が必要です．

写真2-5-11　ゴム支承のオゾン劣化による損傷[9]

(2) 沓座モルタルの欠損

　写真2-5-12は，沓座モルタルの欠損の事例です．沓座モルタルの欠損は，支承の下沓部分の腐食によって発生した膨張ひび割れによるものと，当初施工で沓座モルタル内に高さ調整用に埋め込まれたプレートの腐食が要因となって生じたものが存在します．**写真2-5-12**の欠損で

写真2-5-12　沓座モルタルの欠損[9]

は，割れたモルタルの中から，高さ調整用のプレートの露出が確認されたため，プレートの腐食によって，モルタルが欠損したと推察されます．

沓座モルタルの欠損が進行し，支承に沈下や傾斜が発生すると，鉛直荷重を支持する機能が失われます．これにより，路面に段差が生じ，橋上を走行する道路利用者に対して危険な状態になるだけでなく，桁に設計で想定していない応力が生じたりします．対策が大規模になる前に，腐食発生の原因となっている漏水を遮断するなどの先手を打っていく必要があります．

〔参 考 文 献〕
1) 道路橋示方書・同解説（II 鋼橋・鋼部材編），日本道路協会，2017，11．
2) 道路橋の健全度に関する基礎的調査に関する研究，国総研資料 第381号，2007，4．
3) 鋼道路橋の局部腐食に関する調査研究，国総研資料 第294号，2006，1．
4) 初心者のための橋梁点検講座 橋の点検に行こう！，建設図書，2016．
5) コンクリート標準示方書，土木学会，2018．
6) コンクリートの耐久性向上技術の開発，土木研究センター，1989，5．
7) コンクリート構造物の品質確保の手引き（案）（橋脚，橋台，函渠，擁壁編），国土交通省東北地方整備局，2015，12．
8) 既設コンクリート道路橋桁端部の腐食環境改善への取組み，土木技術資料 55-11，2013．
9) 道路橋支承部の点検・診断・維持管理技術，土木学会 鋼構造シリーズ25，2016，3．

私の思い出の橋

▶ ガンター橋（Ganter Bridge）

　若い頃，海外出張の際に一人で公共交通機関を乗り継ぎ，橋の視察を行うのが楽しみの一つでした．ミヨー高架橋，ポン・デュ・ガールなど，苦労して現地に到着し，背景を含むその橋の美しさに触れると思わず息を飲みます．ガンター橋はその中でも印象深いものです．スイスの田舎町，ブリークから歩くこと約2時間，クリスチャン・メンのデザインによる大胆かつ繊細なフォルムは，アルプスの背景に溶け込み，橋の魅力を最大限に引き立たせてくれます．

（岩城　一郎）

形　式　PC斜版橋
橋　長　678 m
所在地　スイス　シンプロン峠付近
竣工年　1980年

索　引

あ行

アーク溶接　99
アーチ構造　13
RC橋　30
RC床版　35
RC床版橋　30
RCT桁橋　30
I形断面　108
I桁橋　24, 25
亜鉛めっき　29
アセットマネジメント　43
頭付きスタッド　101
圧縮応力　95
圧縮部コンクリートによるせん断抵抗　120
圧接　99
孔あき鋼板ジベル　101
アルカリ骨材反応　196
アルカリシリカ反応　128, 156
安全性　50
安全裕度　52
安定ばり　82
維持管理　42
板の局部座屈　108
一般構造用圧延鋼材　96
上フランジ　25, 94, 139
ウェブ　25, 33, 94, 139
ウェブせん断ひび割れ　159
内ケーブル　33
上塗り　28
影響線　78
S-N線図　111
S10T　99
F10T　98
F11T　98
エポキシ樹脂系塗料　28
L荷重　175
塩害　121, 128, 156, 187, 188, 197
塩害環境　166
鉛直補剛材　26
オイラーの座屈荷重　107
応答　50
応力拡大係数　111
応力集中　99, 186
応力腐食割れ　99
遅れ破壊　98, 99, 143
押抜きせん断　176
帯鉄筋　118

か行

温度ひび割れ　126, 185

開先　99
開先溶接　99
解体撤去　44
外力　62
外力によるひび割れ　124
化学的侵食　156
確率変数　52
架替え　44
形鋼　94
片持ち式　184
片持ちばり　59
下部構造　4
環境改善　109
環境作用　51
完全溶け込み溶接　99
完全付着　114
乾燥収縮　126, 131
犠牲陽極作用　28
既設構造物　42
亀甲状のひび割れ　128
機能性　121
橋軸　5
橋台　4, 20, 139
橋長　4
共役せん断力　86
局部応力　185
局部座屈　106
許容ひび割れ幅　122
切欠き円弧部　188
亀裂　105, 199
亀裂進展速度　111
金属溶射　29, 109
緊張力　103, 129
隅角部　186
グラウト　103
クリープ　127, 131
計画　42
径間長　4, 139
桁構造　9
桁端部　192, 193, 195
桁長　4
桁橋　24
ゲルバー形式　184
ゲルバー桁　184

ゲルバーばり　61
ゲルバーヒンジ　184
ゲルバーヒンジ部　11, 147
限界状態超過確率　53
健全性　195
高温割れ　100
鋼橋　23, 24, 96
鋼桁　94, 139
鋼構造　94, 96
鋼・コンクリート合成床版　36
鋼材に沿ったひび割れ　128
鋼材の硬化性　100
鋼床版　37, 139
孔食　194
更新　44
合成桁　101
合成桁構造　178
合成効果　102
鋼製支承　22
鋼製伸縮装置　23
鋼製ダンパー　109
構造性能　43
構造用鋼材　96
拘束　126
高張力鋼　106
鋼板　94
鋼板接着　189
鋼ヒンジ部　188
降伏　105
降伏点　105
降伏ひずみ　106
高力ボルト　24, 94, 98
高力ボルト接合　98
高力六角ボルト　98
コスト　50
跨線橋　7
固定支点　58
跨道橋　7
ゴム支承　22
ゴム支承のオゾン劣化　201
ゴムジョイント　23
コンクリート　94
コンクリート橋　23, 30
コンクリート桁　113, 139
コンクリート構造　94

さ行

座屈　26, 94, 95, 101, 105, 106, 138
座屈応力　108
座屈荷重　107
座屈長　107
座屈変形　26, 138
さび　109
さび汁　197
作用　50
作用側 S　52
三角形分布　113
三位一体　49
残留応力　107
残留ひずみ　106
支圧接合　98
シース　103
支間長　4
軸応力　84
軸ひずみ　84
軸方向鉄筋　117
軸力　63
軸力図　72
自己収縮　126
事後保全　51
支持部材　189
支承　4, 22, 139, 187, 192
支承部　193
沈みひび割れ　128
下塗り　28
下フランジ　94
下横構　22, 138
支点　58
支点上ダイヤフラム　94
支点上補剛材　26, 94, 140
地覆　5
社会基盤施設　42
主圧縮応力線　125
沓　22
沓座モルタル　22, 195
沓座モルタルの欠損　201
収縮ひび割れ　126, 185
修正トラス理論　119
集中荷重　63, 139
集中モーメント　65
自由物体図　64
主桁　20, 94
主桁添接板　94
主桁反力作用　185
主鉄筋　177
主引張応力線　125
床版　5, 21, 49
床版支間　36, 177
床版の土砂化　156
床版の疲労　156
床版防水層　181
上部構造　4, 139
情報の受け渡し　45

初期欠陥	155	耐火性	95
初期たわみ	107	耐久性	95, 121
初期不整	107	対傾構	22, 27, 109, 138
ジンクリッチ系塗料	28	耐候性鋼材	29, 109
伸縮装置	22, 142, 185, 187, 189, 192, 193	対策	42
伸縮装置の遊間の異常	200	耐食性材料	109
新設構造物	42	耐震補強	109
診断	42	体積膨張	128
信頼性理論	52	耐力側 R	52
水素ぜい化	99	ダウエル効果	120
垂直補剛材	94	ダウエル作用	159
水平せん断応力	88	打音検査	43
水平補剛材	26, 94	縦リブ	37, 94
水和熱	126	単純ばり	58
スターラップ	118	弾性係数	85, 105
すみ肉溶接	99	炭素当量	100
すみ肉溶接部	188	端対傾構	28
スラブアンカー	102	断面急変部	186
スラブ構造	175	断面欠損	105, 194
すり減り	156	断面修復	189
ずれ止め	101	断面二次半径	107
ぜい性破壊	111	断面二次モーメント	25, 87
ぜい性破断	106	断面力	63
静定ばり	61	断面力図	72
性能	50	中間対傾構	28
性能評価	42, 50	中間ダイヤフラム	94
正曲げ	27	中間ヒンジ	60
施工	42	中性化	121, 128, 156, 187
設計	42	鋳鉄	96
センシング	49	調質鋼	100
全体座屈	106	疲れ限度	112
せん断座屈	106	つり合い条件	61
せん断スパン	115	吊桁	184, 187
せん断スパン比	117	吊桁側	186
せん断耐力	120	吊桁支持工法	190
せん断弾性係数	86	吊構造	14
せん断破壊	116, 117	低温割れ	100
せん断破壊形式	117	T荷重	175
せん断ひずみ	86	定着具	103
せん断ひび割れ	116, 125	定着桁側	186
せん断変形	115	デコンプレッション状態	131
せん断補強筋	117	デッキプレート	37
せん断力	63	鉄筋	94
せん断力図	72	鉄筋コンクリート	95
底鋼板	36	鉄筋コンクリート構造（RC構造）	154
素地調整	110	鉄筋コンクリート床版	101
外ケーブル	103	鉄筋腐食	166
損傷	47	鉄筋露出	187
		電気化学的反応	109
		電気防食	109
		点検	42
		点検技術者	43

た行

耐遅れ破壊特性　99

伝達メカニズム　98
凍害　128, 156, 187
等価応力ブロック　115
凍結防止剤　188
凍結融解　166
道路橋示方書　99
道路構造物の今後の管理・更新等のあり方に関する検討委員会　43
土砂化　187
塗装　28, 109
塗膜厚　109
塗膜劣化　110
トラス構造　10
トラス理論　118
トルシア形高力ボルト　98

な行

内部の膨張によるひび割れ　124
内力　62
中塗り　28
斜めひび割れ　115, 116, 125
斜めひび割れ発生耐力　120
2方向ひび割れ　179
ねじりひび割れ　163
熱影響部　100
熱膨張係数　103

は行

パーシャルプレストレッシング　104, 131
排水機能　49
排水施設　189
ハイテク　49
配力鉄筋　177
破壊　51
破壊じん性　96
鋼　96
剥離・鉄筋露出　195
箱形断面　109
箱桁橋　24
柱の全体座屈　107
破断　105, 138
幅厚比　94, 108
パラペット　193
Paris則　111
張出しばり　69
鈑桁橋　24, 25
ハンチ　186
反力台　33
反力モーメント　60
PRC構造　104

PC　95
PC橋　32
PCグラウト　33
PC鋼材　33, 103
PC構造　104
PC床版　36
PCT桁橋　33
美観　121
非合成桁　101, 102
非合成桁構造　178
ビッカース硬さ試験　100
ビッグデータ　49
引張応力　95
引張強度　99
引張接合　98
ひび割れ　95, 104
ひび割れの発生メカニズム　120
ひび割れ面のかみあい　120
被覆　109
表面防水層　49
疲労　111, 138
疲労亀裂　105, 112
疲労限　112
ヒンジ　11, 184
ヒンジ支点　58
ヒンジ部　188, 189
不安定破壊　111
不安定ばり　82
フィードバック　45
封孔処理　30
不確定性　52
幅員　5
複合劣化　198
腹板　188
部材破断　105
フシ　103
腐食　105, 109, 110, 138, 194
腐食因子　168
腐食マップ　110
不静定次数　82
不静定ばり　61
付着　103
フックの法則　85, 105
フッ素樹脂塗料　28
不動態被膜　103, 121, 128
部分溶け込み溶接　99
負曲げ　27
プラスチック収縮ひび割れ　128
プラスティシティー　154
フランジ　25, 33, 188
フルプレストレッシング　104, 131
プレキャスト床版　36

プレストレス　95
プレストレスト構造（PC構造）　154
プレストレストコンクリート　95, 103
プレテンション　103
プレテンション方式　32
分布荷重　64
平均せん断応力　86
平面保持　114
平面保持の法則　86
変形　51
変形の拘束によるひび割れ　124
変形の拘束の度合い　127
変状　47
ポアソン比　84
防食　105, 142
防食下地　28
防食方法　109
防水機能　49
補強鋼材　185
補強吊部材　189
補剛材　26, 94, 108, 138
補剛板　108
母材原質部　100
補修・補強　122
ポストテンション　103
ポストテンション方式　32
舗装　49
細長比　107
細長比パラメータ　107
骨組構造　58
ボルト軸力　98
ボルト接合　98, 143
ボンド部　100

ま行

マイクロクラック　121
マクロ（な）クラック　121
曲げ　59, 139
曲げ応力　87
曲げスパン　115
曲げせん断ひび割れ　117, 159
曲げひずみ　87
曲げひび割れ　113, 125
曲げモーメント　63, 185
曲げモーメント図　72
摩擦接合　98, 144
摩擦接合用高力ボルト　98
摩擦力　98
マスコンクリート　127

マルテンサイト組織　100
水に着目した予防保全　51
無筋コンクリートはり　113
目視　43

や行

焼入れ　100
ヤング係数　105
遊間　22, 192, 193
遊間の異常　199
有効プレストレス　131
融接　99
溶接　24, 94, 96, 99
溶接金属　100
溶接構造用圧延鋼材　96
溶接構造用耐候性熱間圧延鋼材　96
溶接継手　99
溶接割れ　100
溶融亜鉛めっき　109
横桁　21, 27, 33
横構　28, 109
横締めPCケーブル　33
横倒れ座屈　108, 138
横リブ　37, 94
予測　42
予定供用年数　44
予防保全　51

ら行

ライフサイクルマネジメント　43
力学的作用　50
リブ　103
リベット　24, 94, 97
リベット接合　97
リラクセーション　131
輪荷重走行試験　180
0.2%オフセット耐力　106
劣化　47, 51, 155
連行荷重　78
連続ばり　82
錬鉄　96
漏水　187, 195
漏水対策　189
ろう付け　99
ローテク　49
ローラ支点　58
路面凍結防止剤　193, 197

本書中で建設図書発行の「これならわかる道路橋の点検」,「初心者のための橋梁点検講座　橋の点検に行こう！」の文章および図,表等を多く転載させていただきました.

土木学会　構造工学委員会

これだけは知っておきたい
橋梁メンテナンスのための構造工学入門

令和元年 5 月 1 日　　第 1 刷発行
令和 2 年 5 月 1 日　　第 2 刷発行
令和 4 年 6 月 1 日　　第 3 刷発行

編　者　　公益社団法人　土木学会　構造工学委員会
　　　　　メンテナンス技術者のための教本開発研究小委員会
発行者　　高橋　一彦
発行所　　株式会社　建設図書
〒 101-0021　東京都千代田区外神田 2-2-17
TEL:03-3255-6684／FAX:03-3253-7967
http://www.kensetutosho.com

著作権法の定める範囲を超えて，本書の一部または全部を無断で複製することを禁じます．
また，著作権者の許可なく譲渡・販売・出版・送信を禁じます．

カバー写真撮影：写真家　山崎エリナ
カバー写真撮影協力：首都高速道路株式会社，首都高技術株式会社
製　作：株式会社シナノパブリッシングプレス

ISBN978-4-87459-221-2　　　　　　2022062000　　　　　　Printed in Japan

建設図書の出版物・好評発売中

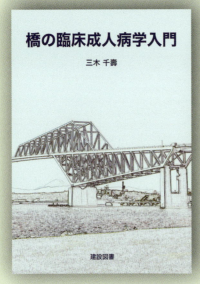

橋の臨床成人病学入門

著　者　三木　千壽
Ａ５判：本文212ページ
定　価：本体2,500円＋税

第1部　インフラの老朽化問題
　第1章　インフラは老朽化するのか
　第2章　インフラの宿命
　第3章　米国の経験に学ぶ
第2部　橋の強度と耐久性を考える
　第4章　橋の構造設計と寿命
　第5章　構造材料の経年劣化現象
第3部　事故に学ぶ
　第6章　経年劣化による事故
　第7章　国内での大規模疲労対策プログラム
第4部　事故を防ぐには
　第8章　溶接構造物の疲労照査の方法
　第9章　橋梁に生じる疲労とその分類
　第10章　道路橋疲労の原因は過積載トラック
　第11章　腐食および応力腐食割れによる事故
第5部　これから何をすべきか
　第12章　点検と診断の高度化
　第13章　真の体力を知る新しい技術
　第14章　プラス100年プロジェクトの提案

―400点以上の図、写真による詳細解説―

これならわかる 道路橋の点検

（一財）首都高速道路技術センター 編
Ｂ５判　304ページ　オールカラー
定　価：本体3,500円＋税

1章　道路橋点検の義務化
2章　橋梁（橋）の形と機能
3章　点検の基本
4章　鋼橋の点検
5章　コンクリート橋
6章　下部構造の点検
7章　付属物の点検
8章　機器を用いた点検

初心者のための橋梁点検講座 橋の点検に行こう！

著　者　「橋梁と基礎」編集委員会 編
Ａ５判：本文121ページ
定　価：本体1,500円＋税

1　橋の基礎知識
　1－1　橋の基礎知識
　1－2　上部構造
　1－3　下部構造
　1－4　道路橋点検要領
　損傷用語解説
2　鋼橋の損傷と点検のポイント
　2－1　点検の基本
　2－2　点検の準備
　2－3　点検の内容
　2－4　鋼橋の損傷とその点検
3　コンクリート橋の点検のポイント
　3－1　変状とその機構
　3－2　コンクリート橋の点検のポイント
4　コンクリート床版等の点検のポイント
　4－1　道路橋の床版
　4－2　床版の損傷と原因
　4－3　床版の点検
5　道路橋の点検
　5－1　点検の前に必要な準備
　5－2　用語の意味
　5－3　「道路橋定期点検要領」のポイ
6　橋梁点検の実例（鋼橋編）
　6－1　橋梁点検作業の流れ
　6－2　事前準備
　6－3　鋼橋の点検の実施
　6－4　点検結果のとりまとめ
7　橋梁点検の実例（コンクリート橋編）
　7－1　点検計画
　7－2　コンクリート橋の点検の実施
　7－3　点検結果のとりまとめ

㈱建設図書　東京都千代田区外神田 2-2-17
TEL：03-3255-6684　　FAX：03-3253-7967

ウェブサイトではこのほかにもたくさんの出版物を紹介しています　　建設図書　　検索